农民奔小康实用新技术

NONGMIN BEN XIAOKANG SHIYONG XIN JISHU

策　　划／何谷良　　陈桂祥

主　　编／石健康

副 主 编／陈桂祥　　何谷良　　肖吉安

编写人员／石健康　　刘跃华　　胡赛农　　周跃良

　　　　　周贤君　　高述华　　戴桂林　　胡正明

　　　　　马少平　　姜立新　　苏　伟　　戴昌浩

　　　　　罗子毛　　文胜祥　　张安乐

U0200739

湖南科学技术出版社

图书在版编目(CIP)数据

农民奔小康实用新技术/石健康编著.－－长沙：
湖南科学技术出版社,2006.3
ISBN 978－7－5357－4534－7

Ⅰ.农… Ⅱ.石… Ⅲ.农业技术－教材 Ⅳ.S

中国版本图书馆 CIP 数据核字(2006)第 021966 号

农民奔小康实用新技术

主 编:石健康
责任编辑:彭少富
出版发行:湖南科学技术出版社
社 址:长沙市湘雅路 276 号
　　　　http://www.hnstp.com
湖南科学技术出版社天猫旗舰店网址:
　　　　http://hnkjcbs.tmall.com
邮购联系:本社直销科 0731－84375808
印 刷:唐山新苑印务有限公司
　　　　(印装质量问题请直接与本厂联系)
厂 址:河北省玉田县亮甲店镇杨五侯庄村东 102 国道北侧
邮 编:064101
出版日期:2017 年 10 月第 1 版第 2 次
开 本:850mm×1168mm 1/32
印 张:7
字 数:163000
书 号:ISBN 978－7－5357－4534－7
定 价:28.00 元

编者的话

政通民安乐，人和百业兴。中央一号文件犹如春风夏雨，润泽亿万农民。在全面建设小康社会的今天，广大农民朋友纷纷投入农业产业结构调整主战场，对农业实用科技的需求愈来愈迫切。如何科学指导农民快速、准确地掌握种、养专业技能，将科技成果转化为现实生产力，达到农业增效、农民增收、农村致富奔小康的目的，已成为各级干部和农技推广工作者义不容辞的历史使命。

为此，我们根据农情民意，专门组织长期工作在农业生产第一线的专业技术人员，集思广益，精心策划，认真编写了《农民奔小康实用新技术》一书，服务"三农"。该书分粮油作物生产，果树、蔬菜、药材等经济作物生产，畜禽水产养殖三个部分，集科学性、实用性、操作性于一体，理论与实践相结合，既通俗易懂又便于操作，是广大基层干部指导农业生产的一本工具书，是广大农民朋友一点就通、一学就会的致富宝典。同时也是农业部门针对农民进行新技术培训的好教材。

由于编者水平有限，书中难免有不妥之处，敬请广大读者批评指正。

编　者

2005 年 10 月

目　录

粮油作物生产

1

果蔬药经济作物生产

畜禽水产养殖

粮油作物生产

水稻旱育无盘抛秧技术

水稻旱育无盘抛秧技术是采用水稻专用药肥缓释高吸水种衣剂"旱育保姆"，对水稻种子实施包衣，并进行旱育秧，扯秧后直接进行大田抛秧的一项水稻轻简节本栽培技术。水稻专用药肥缓释高吸水种衣剂"旱育保姆"是采用保水剂和缓释剂为基质，与各种矿质黏土相配伍，辅之杀菌剂、杀虫剂、植物生长调节剂、有机生态胞和微肥等功能性助剂，经超细加工复合研制而成的粉状种衣剂。

"旱育保姆"的突出优点

1 不需调酸 "旱育保姆"高吸水种衣剂包衣播种后，能在稻种和秧苗根部形成直径 2～2.5 厘米的"蓄水球囊"，为幼苗生长创造良好的环境条件，减少土壤碱性物质对秧苗生长的影响，免除了旱育秧土壤调酸工序。

2 不需催芽 包衣种子实行干籽播种，省略了催芽工序，避免了烧芽烧苞风险。

3 出苗齐 秧苗根部的"蓄水球囊"，能有效地调节苗床土壤墒情的变化，促进早出苗、多出苗、保全苗、出壮苗。一般出苗率提高 10%～15%，成秧率提高 15%～20%，且出苗整齐一致。并可减少用种量 20%～30%。

4 少浇水 形成的"蓄水球囊"既能蓄水，又能供水，保证了种子出苗和秧苗生长所需的水分，能显著提高秧苗抗旱能力。一般可减少秧田浇水量 60% 以上。

5 防病虫、不死苗 形成的"蓄水球囊"内含有杀菌剂、杀虫剂，不仅能在种子周围形成防治病虫的保护屏障，进行种子消毒和防止土壤传播的病菌侵袭，而且农药能被秧苗根系吸收传导到秧苗体内，起到防病治虫的作用。并且对苗期病害的防治效果达95%以上，对生理性和病理性死苗的防治效果达到99%以上。

6 秧苗壮 "蓄水球囊"内含有植物生长调节剂和微量元素肥料，能使秧苗根部水、肥、气协调，有利于促进根系生长和分蘖发生，起到壮苗壮根的作用。一般秧苗单株带蘖数可增加40%～60%，不定根数增加60%～80%，苗高降低8%～10%，苗体墩实矮壮。另外，由于茎节根原基数多，秧苗抛到大田后，能迅速发根扎根立苗，从而实现快速分蘖够苗，为高产打下良好的基础。

7 秧龄弹性大 用"旱育保姆"进行种子包衣旱育秧，秧龄可由塑盘育秧的20天延长至50天。无论是早稻，还是中稻、一季晚稻或晚稻都可使用"旱育保姆"进行旱育秧后抛秧，抛秧普及面大。

8 易立苗 应用"旱育保姆"包衣处理的旱育秧苗，在起苗时根部的"蓄水球囊"与土壤互相黏结，形成"吸湿泥球"，实现了带土抛植，明显提高抛秧的立苗速度和抗植伤能力。且秧苗单株带土量增加4倍以上厂抛栽时立苗率可达60%～70%，立苗时间提早3～4天。

9 产量高 一般每667平方米可增产10%左右。

10 效益好 用"旱育保姆"进行种子包衣旱育无盘抛秧，不仅能将药剂消毒、浸种催芽、防病治虫、化学调控和浇水抗旱等育秧过程中的多道复杂工序一次完成，节省大量成本；而且可免去手插秧的强体力劳动。相对塑盘育秧，可免去塑盘投资。该项技术技术含量高，操作简单，省工、节本、增产、高效。一般每667平方米可增效120元左右。专家评价，此项技术为水稻栽培技术上的一次革命。

栽培技术要点

1 选准型号 水稻旱育无盘抛秧技术的主要物化技术是使用"旱育保姆"。因此，在旱育手插秧上应用，应选择旱育秧型"旱育保姆"；在旱育抛秧上应用，应选择抛秧型"旱育保姆"。早、中、晚稻分别选用早、中、晚稻专用型"旱育保姆"。籼稻选用籼稻型"旱育保姆"，粳稻选用粳稻型"旱育保姆"。

2 确定用量 每千克"旱育保姆"可包衣稻种3～4千克。

3 浸好种子 将精选后的稻种在清水中浸泡20分钟至12小时。春季气温低，浸种时间长，夏天气温高，浸种时间短。温度低的稻区，浸种时间可延长至破胸前。

4 包衣方法 将浸好的稻种捞出，沥干至稻种不滴水即可包衣。按1千克"旱育保姆"包衣稻种3～4千克的比例，将"旱育保姆"种衣剂置于圆底容器中，然后将浸湿的稻种慢慢地加入容器内进行滚动包衣，边加稻种边搅拌，直至将"旱育保姆"种衣剂全部包裹在种子上为止。拌种后稍为晾干即可播种。

5 选好育秧场地，施足基肥，整好秧厢。进行旱育抛秧的秧床不宜选用含沙量大的土壤作育秧场地，而应选用比较肥沃且杂草较少的壤土（或泥土）田、地作秧床，这样，育出来的秧苗不但健壮，而且秧根带土量大，便于抛秧立苗。一般每667平方米大田需备秧厢40～50平方米。翻犁起厢时一并施入足够的腐熟农家肥，同时，还应施放2～2.5千克复合肥与泥土充分混合，起厢后耙平厢面即可。

6 浇足底水 旱育苗床底水要浇足、浇透，使苗床0～10厘米土层含水量达到饱和状态。

7 均匀播种和盖种　将包衣好的稻种及时均匀播种，轻度镇压后覆盖 1～2 厘米厚的薄层细土，然后再用喷壶浇湿。

8 喷施旱育秧田专用除草剂（如旱秧青等），进行封闭化学除草。

9 齐苗时苗床要补足一次水分　抛秧扯秧前一天下午苗床需浇足一次透水，以利秧苗根部带有"吸湿泥球"，便于秧立苗。扯秧时，一般要一株或两株秧苗作一蔸拔起。

10 旱育抛秧方法、大田田间管理及病虫害防治与常规塑盘抛秧相同。

注意事项

1 用种量不能太大。用"旱育保姆"包衣稻种出苗率高、成秧率高、分蘖多，需减少播种量。每 667 平方米大田用种量杂交稻 1.5 千克左右，常规稻 2～3 千克。秧田大田比 1∶12～1∶15。

2 拌种时，要掌握种子水分适度。浸种的种子取出后沥干水滴即拌"旱育保姆"种衣剂。稻种过分晾干，拌不上种衣剂。稻种带有明水，种衣剂会吸水膨胀黏结成块，也拌不上或拌不匀。

3 早稻育秧播种后要进行薄膜覆盖增温保湿。

4 抛秧后 48 小时内，大田严禁灌水，以促进扎根立苗。

水稻塑盘育秧抛秧栽培技术

水稻塑盘育秧抛秧栽培是近几年发展和推广的一项新的水稻栽培技术。具有省工、省力、省种、省水、省秧田、省成本，早播、早抛、早发；早成熟，抗逆性强，苗多、穗多、粒多、产量高等显著特点。一般每 667 平方米可增产 10%～15%，新增产值 80～100 元。

栽培技术要点

1 早稻软盘旱育抛秧

1.1 育秧准备及播种

1.1.1 品种选择 早稻选择矮秆或中秆、抗倒、株型紧凑、优质、高产、抗性好、分蘖力中等的中大穗型或多穗型中迟熟品种。湘中以北可选用湘早籼 31 号、中鉴 100、中优早 81、嘉育 948，、湘早籼 24 号、湘早籼 32 号等中熟品种，湘中以南可选用金优 402、金优 974、香两优 68、株两优 02 等中迟熟品种（组合）。

1.1.2 塑盘准备 每 667 平方米大田准备 353 孔秧盘 60 个，即按照每 667 平方米大田 2 万蔸，加 5% 左右的空孔率备足。对于多穗高产的品种，秧盘数要增加 10%～15%。使用旧秧盘，则每年每次需增加 20%。

1.1.3 营养土准备 ①数量：每盘需备足营养土 1.5～2 千克，每 667 平方米大田育秧需备营养土 80～100 千克。②营养土配制方法：用 2 份肥菜土与 1 份黏性黄土充分拌和均匀，晒干、捶细、过筛，播种时先用多功能壮秧营养剂

0.4～0.5 千克与 2/3 营养土混拌均匀闷一晚后，装入秧盘作底土，浇足水，播好种后，将剩余 1/3 细土用于覆盖。使用壮秧剂，具有调酸、消毒、培肥、杀菌（防止立枯、青枯病）、促长等功效，秧苗期无须再使用农药、肥料、生长剂等。注意切忌用拌有壮秧剂的细土作盖籽土（详见使用说明）。采用湿润秧田作秧床的，将厢沟中的沟泥捣烂成泥浆与壮秧剂混拌均匀即可用。

1.1.4 做好秧床 秧床应选择地下水位低、地势较高、平坦、背风向阳、排灌方便的菜园地、旱土或稻田。每 667 平方米大田备足秧床有效面积 10～12 平方米。采用旱土或菜地作秧床的，先将作物、杂草、杂物及有机物的残留体清除干净，将沟土填在厢面上，要求床土上细下粗，厢面平整松软，厢宽 1.4～1.6 米，便于搭拱盖膜。采用稻田作秧床的，要求干耕干整，做成厢面宽 1.5～1.6 米的通气秧田，并将厢面杂草、杂物清除干净，泥土整细整碎. 播种时，厢面床土要浇足水，再糊一层 2～3 厘米厚的泥浆；也可边浇水、边用耙子将 3～4 厘米的表土层耙成稀泥状，以利摆盘，盘底与泥浆融合，无空隙。苗床四周要留 10 厘米宽的厢面，以防因盖膜影响出苗。

1.1.5 种子处理，种子选晴天翻晒 1～2 天，按每 10 克强氯精对 4～9 千克水，浸种谷 4～5 千克的比例，浸种消毒 24 小时（杂交稻种子用 40℃温水配药）后，用清水漂洗，继续浸至吸足水后上堆催芽，达到破胸露白即可播种。也可用"苗博士"进行种子包衣后进行浸种、催芽后播种。20 毫升/包的"苗博士"种衣剂可以包衣稻种 1 千克。

1.1.6 播期与播量 一般日均气温稳定通过 8℃即可播种，可比湿润育秧早 8～10 天。湖南省适宜播种期，湘中以北在 3 月 20～25 日，湘中以南在 3 月 15～20 日。播种量：

常规稻每 667 平方米大田用种 4～5 千克（大粒种、早熟种略多，小粒种、迟热种宜减），每孔播 4～6 粒谷；杂交稻每 667 平方米大田用种 4 千克，每孔播 2～3 粒谷。精选种子，发芽率要求在 90％以上。

1.1.7 摆盘播种 将塑盘按"两横一直"或"两直一横"或"两横三直"的形式先摆好，做到盘盘靠紧，盘泥融合；将营养土装盘达孔深的 1/2～2/3 处，喷一次清水（确保营养土湿透）后，种芽按盘数过秤分匀，来回多次播完，做到孔孔落籽均匀为止，不然的话需用手捻匀。为防止种谷落入厢面，可用木板挡住盘边。播完后用营养土将盘口填平，注意盘面上不能有营养土，以防串根。然后用清水将营养土喷湿。或将营养土沤成稀泥加多功能壮秧营养剂拌匀后注满盘孔，然后用木板刮去多余稀泥再播种，播后用木板塌谷，注意盘面不能有营养泥，以防串根。

1.1.8 盖膜防鼠 播种后，采用小拱地膜覆盖，四周用泥土压紧，防止透风和被风刮起，并起到保温防鼠作用。同时要清理好厢沟。

1.2 苗床管理

1.2.1 出苗期（播种至出苗） 以保温为主，湿度以营养土不发白为宜，做到高温高湿齐苗。膜内温度控制在 35℃ 以下，超过 35℃，需揭开膜两头通风降温防烧芽。如遇长期低温阴雨天气，每隔 3～5 天的中午要揭开膜两头通风换气一次，降低膜内湿度，防止真菌产生。

1.2.2 一叶期（出苗至 1 叶 1 心） 适温保湿防徒长。膜内温度控制在 25℃ 以下，超过 25℃，揭开膜两头通气降温。床土保持湿润，以不发白为宜。为防止腐霉病、立枯病，营养土没有加壮秧剂的，每 40 个盘用敌克松 5 克对水 3～5 千克喷洒一次。同时可每盘用尿素 3 克对水 100 倍淋苗，追施

"断奶"肥，追肥后要淋水洗叶防烧苗。另外，要注意防鼠。

1.2.3 二叶期（1叶1心至2叶1心） 以通风炼苗，促根下扎、防止徒长和防治立枯病、培育壮苗为主。膜内温度控制在20℃左右，1叶1心开始炼苗，炼苗天气起点温度是12℃，随着叶龄的加大，逐步加大通风口和延长炼苗时间。根据天气情况，做到晴天多炼，上午9点后全部打开，下午4点前盖好；阴天少炼，中午半打开1～2小时；雨天隔日炼，中午只揭开膜两头换气一次，寒潮天3日通风一次。盘土保持干燥，即使盘土发白，只要叶片不卷筒就不必喷水，促进根系健壮，增强抗逆力。

1.2.4 三叶期（2叶1心至3叶1心） 秧苗2叶1心后，进入"离乳"期，抵抗能力较弱，应注意保温防寒。如遇寒潮要盖膜护苗，至抛栽前3天才可全部撤膜以增强其抗逆性。保持床土湿润，床土发白时要及时补充水分。未施用壮秧剂的，2叶1心后要用20％甲基立枯灵或敌克松800倍液，每40个盘用5千克药液喷洒，防止立枯病发生。同时，在抛栽前3～4天施一次"送嫁肥"，即用少量腐熟稀薄人畜粪水淋苗，或每盘用尿素5～6克对水2.5～3千克喷施，做到带肥抛栽，促早生快发。

1.3 整地施基肥

秧苗3叶时即可抛栽，此时，因植株矮小，对大田整地质量要求高。要求做到一犁多耙，上松下实，表泥泥溶，田平如镜，以便抛栽立苗。基肥的施用量每667平方米大田用绿肥1000千克（无绿肥田可用饼肥或土杂肥1000～1200千克代替）、人畜粪渣水1000～1500千克、碳铵30～40千克、磷肥20～30千克、氯化钾7.5～10千克，或者用25％水稻专用肥40～50千克代替上述单质肥料。

1.4 抛秧

1.4.1 抛秧期 温度：日均气温稳定通过 15℃，湖南省一般在 4 月 20 日左右即可抛秧。叶龄：叶龄以 2.5～3.5 叶，苗高 10～15 厘长为佳。

1.4.2 密度 密度应根据品种特性、栽培季节及熟制、气候特点、地力高低及施肥水平等因素来确定。一般每 667 平方米大田抛 2 万兜，每 1 平方米抛 30 兜左右。株形紧凑型品种，每 667 平方米大田可抛 2.5 万兜以上。

1.4.3 抛栽方法 抛秧时一手托盘，一手扯出秧苗轻轻抖动，使兜与兜不沾连，再向前上方高抛 3 米左右，使秧苗呈抛物线落入田间。第一次抛 70％秧盘，第二次抛剩下的 30％秧盘补缺；抛后按每 3 米宽拣 1 条 30 厘米宽的走道。

抛秧时要特别注意：一是抛秧前 2～3 天停止对苗床浇水；二是大风大雨天不宜抛秧；三是大田要整平、无杂草，水要浅（1～2 厘水），切忌深水抛秧，四是土质黏重的田，待泥浆下沉后再行抛秧，以免秧苗入泥太深；土质过沙的田，要随整随抛，以免土壤板结，秧根不易入土。

1.5 大田管理

1.5.1 科学管水落水 原则：浅水立苗，深水除草，够苗晒田，轻晒保根，有水抽穗，干湿壮籽；①立苗期：抛后避免深水淹苗，以利早立苗，遇大雨时，应定平出水口，防止积水漂苗。②分蘖期：只能灌浅水，以发挥低位分蘖成穗的作用，当常规稻每 667 平方米总苗数达 22 万～24 万，杂交稻达 16 万～18 万时开始晒田，晒至硬板，促根下扎防倒伏。③孕穗抽穗期：晒田复水后，保持浅水层，做到有水抽穗。④灌浆结实期：实行间歇灌溉，干湿交替，至黄熟期时方可断水。

1.5.2 合理追肥 原则：稳前攻中促后即不施分蘖肥，适施复水肥，补施穗肥，晒田复水后，若禾苗迟迟不回青，说明有缺肥迹象，要适量补施氮钾肥，齐穗时每 667 平方米大田用谷粒饱 50 克对水 40～50 千克喷施。叶色过淡的田块，每 667 平方米大田可酌情加 0.5 千克尿素叶面喷施，以提高结实率与千粒重。

1.5.3　化学除草　抛秧后 5～7 天，施用"抛秧一次净"或"抛秧灵"等抛秧除草剂进行除草，要求浓度不宜太高，灌水深度不宜超过心叶，以免除草剂伤害幼芽；施除草剂后应保持水层 5～7 天。

1.5.4　防治病虫　根据病虫预报，按照当地农技部门发放的《病虫防治通知单》及时施药进行防治。

2　晚稻塑盘湿润育秧抛秧

2.1　育秧准备及播种

2.1.1　品种选择　根据早稻品种成熟期合理选用晚稻品种组合。一般 7 月 18 日左右成熟的早稻品种，晚稻可选用培两优 288、威优 64、新香优 80、金优 207、金优 402 等中熟杂交组合（秧龄 25 天左右为宜，最长不超过 30 天）；7 月 20 日后成熟的早稻品种，晚稻可选用威优 35 等早熟杂交稻组合或"倒种春"（秧龄 20 天左右）。切忌使用威优 46 等一类的迟熟杂交组合作晚稻抛秧。

2.1.2　软盘准备　一般每 667 平方米大田用 353 孔塑盘 55～60 个。

2.1.3　营养泥准备　每 667 平方米大田的秧需营养泥 50～75 千克，播种前 20 天在秧田边做一凼，加腐熟畜粪肥或人粪 10～15 千克堆沤，也可用稀田泥加壮秧营养剂一包拌匀，随拌随用。

2.1.4　苗床选择　宜选水源方便的水田作苗床，每 667 平方米大田需苗床 14～16 平方米，播种前 2～3 天按湿润秧田标准整好秧床，厢宽 1.4 米，开好厢沟、围沟，沟宽、沟深 20～30 厘米。灌深水淹盖厢面防止硬板。

2.1.5　用种量　中熟杂交组合每 667 平方米大田用种 1.5 千克，早热杂交组合每 667 平方米大田用种 1.75 千克，"倒种春"每 667 平方米大田用种 3～3.5 千克。种子发芽率必须保证在 90％以上。

2.1.6　浸种消毒　用清水洗种，下沉种子与上浮种子分开浸种催芽。按 10 克强氯精对水 3.5～4 千克浸种 2.5 千克的比例，浸种消毒。10～12 小时（中间露种 1～2 次）后，用清水洗净沥干。

2.1.7　催芽　采用多起多落、少浸多露的方法，将消毒处理后的种子装入通气性好的纤维袋中，每浸 0.5～1 小时，露种 3～4 小时，直至种子破胸。然后按 500 克种子拌 1 克烯效唑和 8～12 克好安威种子处理剂的比例拌种均匀，待种子稍干后即可播种。

2.1.8　播种　播种前放干水，趁湿在厢面摆放秧盘，将营养泥灌满盘孔，刮去盘面余泥后播种，然后塌谷入泥至不见谷。注意防止太阳暴晒和雨水冲刷，播种后可加盖一层稀薄稻草。

2.2　苗床管理

出苗后揭去稻草并进行移密补稀。播种后至 3 叶期以湿为主，晴天满沟水（水不上盘），阴天半沟水，雨天排干水。秧苗 3 叶期后干干湿湿，以干为主，但盘土不能出现发白现象。抛栽前 3～4 天保持盘土湿润。秧苗 2 叶 1 心时施稀薄腐熟人畜粪水作"断奶肥"，抛秧前 5～7 天每 60 个秧盘用尿素 50 克对水 10 千克叶面浇施，施肥宜在阴天或晴天下午进行。

2.3　大田管理

2.3.1　大田耕整　每 667 平方米大田施农家肥 10～15

担，尿素 10～12.5 千克或碳铵 40～50 千克，最好用 25％复混肥 40～50 千克作基肥。大田耕整要求泥烂田平草净，整好后即可抛秧。

2.3.2　抛秧方法　与早稻相同。

2.3.3　科学管水　遮泥水抛秧，立苗前保持浅水层，抛秧后 4～5 天灌深水施抛秧专用除草剂除草，并保持水层 4 天左右。分蘖期浅水灌溉，间歇露田促根系下扎。每 667 平方米苗数达 25 万（早熟）或 22 万（中熟）时落水晒田，孕穗期浅水灌溉，抽穗期保持 3.3 厘米左右水层，齐穗后干干湿湿，收割前 3～5 天方可断水。

2.3.4　看苗追肥　抛后 5～7 天每 667 平方米追施尿素 5 千克，钾肥 5～7.5 千克促分蘖，可结合除草剂一同施用；晒田复水后，每 667 平方米追尿素、钾肥各 4～5 千克；抽穗 80％左右时，每 667 平方米用谷粒饱 50 克加水 40～50 千克叶面喷施。

2.3.5　防治病虫　与常规移栽晚稻基本相同。

3　一季中稻与一季晚稻抛秧栽培田

时间较为充裕，可在当地农技部门指导下，参照早晚稻抛秧进行。

4　水稻免耕抛秧

4.1　免耕稻田的选择　免耕稻田必须选择排灌方便、耕层深厚、田面较平、保水保肥能力强的泥性田块，前茬齐泥收割，田间杂草较少的田最为适宜。而沙性田、浅泥脚田不宜作免耕抛秧田。

4.2　杂草及禾茬的处理　主要是用克无踪进行除草灭茬。先排干田面水层，选晴好天气每 667 平方米大田用 20％克无踪 250 毫升对水 45～50 千克对全田（含田埂）均匀喷雾，尽量将药液喷在杂草及禾茬上，喷药 24 小时后灌深水

— 13 —

泡田，以软化田泥，加速杂草死亡。如果喷药后 4 小时内遇雨水冲刷，要进行补施药。施药时间：一般早稻在抛秧前 15 天左右；晚稻在抛秧前 7 天左右，如劳力紧张，也可在抛前 2 天施药；一季中稻和一季晚稻可在抛前 10 天左右。施药后浸泡时间：一般早稻 40 天左右，晚稻 5 天左右，一季中稻与一季晚稻 7 天左右。对杂草少、田泥较软的田以及季节紧的农户，泡川时间可短；对杂草多、田泥较硬、季节较松的农户，泡田时间可长一些。另外，为有效除灭杂草，可在施药时加施芽前除草剂。

4.3 肥水管理 施肥原则：坚持"少吃多餐"，勤施勤灌。免耕抛秧田的施肥量比常规抛秧田宜多 10%～20%，基肥占总肥量的 70% 左右，追肥宜采用少量多次的方法。一般抛秧前 2～3 天，田内保持浅水，每 667 平方米大田施 25% 水稻专用配方肥 40 千克左右作基肥。早稻抛后 4～5 天，晚稻抛后 3～4 天结合除草剂（方法、药剂与常规抛秧田同），每 667 平方米追施尿素 7.5 千克作返青肥，隔 5～7 天，每 667 平方米追尿素、钾肥各 7.5 千克作促蘖肥。当每 667 平方米苗数常规稻达 23 万株、杂交稻达 20 万株时，追尿素、钾肥各 4～5 千克作壮秆肥。幼穗分化期每 667 平方米追尿素、钾肥各 5 千克作壮苞肥。齐穗后每 667 平方米用谷粒饱 50 克加水 45～50 千克叶面喷施防早衰。管水原则是：浅水立苗，深水除草，浅水分蘖，露田控苗，寸水打苞，有水抽穗，干湿壮籽。

免耕抛秧栽培中的诸如品种选择、秧盘选用、播种育苗、病虫防治等技术都与常规盘育抛秧基本相同，可参照实行。

水稻快速灭茬免耕栽培技术

水稻快速灭茬免耕栽培技术，指不需要牛犁或机械翻耕而采用高效安全除草剂快速除草灭茬后，直接抛（移）栽水稻的一种轻型栽培技术。它的优点是：①降低生产成本。早晚两季用牛力翻耕每 667 平方米需成本 120 元左右，用机械翻耕需成本 100 元左右，而用快速灭茬免耕栽培则节省了翻耕成本，节本增效显著。②减轻劳动强度。水稻快速灭茬免耕栽培，因不需翻耕，直接采用化学药剂防除杂草，可大大减轻劳动强度。③争取时间，保证季节。水稻快速灭茬免耕栽培在前作收获后 1～2 天即可抛（移）栽水稻，有利于争取时间，保证季节，实现全年高产丰收。

技术操作规程

1　早（中）稻

1.1　大田除草灭茬

1.1.1　冬泡田　冬泡田由于泥层软烂，杂草不多，最宜免耕。一般在抛（移）栽前 5～7 天排干水层，每 667 平方米大田用 20％克无踪除草剂 250 毫升加氯化钾 2 千克对水 45～50 千克选晴天进行喷雾，3～5 天后灌浅水施基肥。

1.1.2　冬闲板田　冬闲板田冬季未翻耕，开春后在早稻抛（移）栽前 20 天进行化学除草（含田埂、沟渠路边）。每 667 平方米大田用无残毒的 20％克无踪除草剂 250 毫升（草多的用 300 毫升）加氧化钾 2 千克对水 50～60 千克选晴天排干水后进行喷雾。一星期后灌水没泥至抛（移）栽前施用基肥时止。

1.1.3　板田绿肥或板田油菜　板田绿肥在水稻抛（移）栽前15～20天选晴天排干水，每667平方米大田先用克无踪300毫升加氯化钾3千克对水50～60千克喷粗雾于绿肥上，再将排水沟两边泥土还原至沟中，3～5天后灌水浸泡，待泥烂时用泥浆糊好田埂。板田油菜后茬可接早稻、中稻或一季晚稻，要求油菜齐泥割蔸或拔蔸收获，每667平方米大田用克无踪250毫升加氯化钾3千克对水40～60千克喷雾进行化学除草。

1.2　施基肥

免耕栽培施肥采用结合基肥、追肥在内的多次平衡施肥技术。基肥的施用量；免耕比翻耕一般可少20%左右。冬泡田、冬闲板田一般每667平方米施用磷肥50千克、尿素25千克，磷肥与除草剂同时施用，尿素在抛（移）栽的当天施用。也可用复合肥代替上述单质肥料，在抛（移）栽前5～7天每667平方米施用复合肥50千克。因碳铵易挥发流失，在免耕栽培中不宜作基肥施用。另外，早春雨水较多，施肥前要先排干水，施肥后要塞好出水口。有条件的话，最好在施肥后每667平方米再泼浇20担左右人畜粪水或沼肥。要注意的是，早春如遇上好天气，杂草萌芽快，则要在抛（移）栽前一星期施基肥时加芽前除草剂一包进行除草。绿肥田在抛（移）栽前留浅水，每667平方米施尿素3～5千克加复混肥30千克作基肥。

1.3　育秧与抛栽

免耕田因没有翻耕田平整、融和，不宜小苗抛（移）栽，最好用353孔塑料软盘（早、中、晚稻可共用），大中苗抛（移）栽。或用"旱育保姆"育秧进行无盘抛秧。抛栽前一定要排干水，密度与基本苗要比翻耕田稍多，一般迟熟品种早播早抛的每667平方米保证1.8万蔸、9万～10万基本苗，早中熟品种或三熟制后茬田每667平方米保证2.8万蔸、18万以上基本苗。

1.4 大田管理

1.4.1 追施分蘖肥、除草 水稻抛（移）栽返青后灌水淹没泥面，每667平方米用氯化钾5～7千克，尿素5千克加芽前除草剂1包混合撒施。维持水层一星期后即自然落干，整个分蘖期以湿润为主。

1.4.2 晒田 因免耕栽培水稻前期根系多集中在表土层，因此，进入分蘖盛期后要求早晒田、重晒田，促进根系下扎，防止倒伏。

1.4.3 追施穗肥、除稗 晒田复水后，根据叶色浓淡每667平方米追施尿素5千克或复合肥10千克作穗肥。同时，对除稗效果不好的由进行一次人工除稗，以防稗草带入下季。

1.4.4 喷施壮籽肥 在水稻始穗、齐穗期每667平方米用谷粒饱1包加尿素1～2千克对水50千克进行叶面喷施2次，促进子实饱满，防止后期脱肥早衰。

1.4.5 科学管水 为适应后季稻免耕栽培需要，早稻在乳熟黄熟期应湿润灌溉，不能硬泥，更不可开坼。收获时要齐泥割稻，不留稻桩，老稗草要连根拔除。

1.4.6 病虫防治 与常规翻耕栽培的相同。可根据当地农技部门发放的《病虫防治通知单》进行施药防治。

2 晚稻

2.1 除草灭茬

早稻收割后随即排干水，每667平方米用克无踪250毫升加氧化钾1千克对水50千克在下午5点后用粗雾对全田均匀喷雾，24小时后及时灌深水淹没稻茬。

— 17 —

2.2 施基肥

每 667 平方米施复合肥 40 千克、尿素 5 千克，可在抛（移）栽的前一天或后一天施下。移栽的可配合稻草还田，顺序是先喷除草剂后施基肥、撒稻草、移栽；抛栽的不能同时进行稻草还田。早稻收获时遇旱已硬的田，必须延长淹水时间，待表土起糊，做好田埂后，才能抛（移）栽晚稻。

2.3 育秧与抛（移）栽

晚稻免耕栽培的品种、大田用种量、抛（移）栽密度与基本苗等均与常规翻耕栽培相同，不同的只是分蘖肥要提早到抛（移）栽后活蔸时施用。抛秧采用 353 孔软盘育秧，通过施用多效唑、烯效唑、苗床控水等综合措施培育壮秧。也可用"旱育保姆"培育壮秧。如果要抢季节抛栽，在早稻收获的当天傍晚即可施药除草，施药 24 小时后灌深水浸泡 2～3 天，抛栽时留浅水．抛栽 2～3 天活蔸后进行化学除草与追施分蘖肥，每 667 平方米用尿素 7.5～10 千克、氯化押 7.5 千克加芽前除草剂 1 包混合撒施。移栽的，可以在喷施除草剂 24 小时后灌深水，施好基肥，然后直接插秧，稻草还田的可拨开稻草栽插。

2.4 大田管理

移栽活蔸后，为确保除草效果，必须维持水层一星期。免耕栽培晚稻分蘖早而快，根系前期多浮于表土层，应坚持湿润灌溉或间隙灌溉。够苗后及时晒田，复水后施好复水肥，促进根系下扎防倒伏。后期补施穗肥和壮籽肥，在始穗及齐穗后一周分别用谷粒饱 1 包加尿素 1 千克对水 40～50 千克叶面喷施。

2.5 病虫防治

与常规翻耕栽培相同。可在当地农技部门指导下或根据发放的《病虫防治通知单》进行防治。

注意事项

1　早稻必须选用中迟热不易掉粒的品种。

2　冬季犁翻的冬种田和冬翻冻坯田不能进行早稻免耕栽培。

3　高岸田、漏水田不宜进行晚稻免耕栽培。

4　连续多年双季免耕的稻田，最好采用双季抛栽，并要注意品种熟期的合理搭配。

5　多年性、顽固性杂章多的田，要确保除草效果。

6　早中稻计划免耕敖培的田块，最好在年前塞好出水口进行冬泡。

稻鸭生态种养技术

稻鸭生态种养技术，是指在稻田抛栽水稻后放养一定数量的野性较强的鸭子，在不施用化学农药的情况下，利用水稻抗性、稻田有益生物、生物农药等控制稻田有害生物的为害，实现稻鸭双丰收的一种生态种养技术。该技术由湖南农业大学等单位研究完成，具有巨大的推广价值。其主要特点是：①经济效益高。经生产实践证明，采用稻鸭生态种养技术，每 667 平方米可增产 15％左右，增加收入 400～800 元。②稻米卫生品质好。据农业部食品质量监督检验测试中心检测，使用该技术生产的稻米，符合生态与环保的要求。③生态效益显著。由于鸭子能捕食稻田的害虫和菌核菌丝，清除水稻的病老叶及杂草，因此，对纹枯病、钻心虫、稻纵卷叶螟、稻飞虱、稻蝗虫、粘虫等病虫有很好的控制效果，一般不需施用化学农药。另外，由于鸭子的活动，可大大改善稻田土壤透气性，减轻有毒物质为害，促进水稻根系生长。

技术要点

1 稻田与品种的选择

1.1 稻田 选择水源充足、阳光充裕的垅田为佳，便于鸭子栖息、取食。

1.2 水稻品种 应选择株型紧凑、丰产性能好、抗性强的优质稻品种。早稻可选用湘早籼 31 号、湘早籼 32 号、香两优 68 等；晚稻可选用湘晚籼 9 号、湘晚籼 11 号、湘晚籼 12 号、金优 207、新香优 80 等；中稻可选用两优培九等品种或组合。

1.3 鸭子品种 应选择生命力旺盛、适应性广、野性强、抗性好、产蛋期早、产蛋率高、体型中等偏小的优良鸭种，如江南一号水鸭、四川麻鸭、滨湖鸭、建昌鸭等。要求鸭体大小能适应水稻种植密度，便于在稻株间自由穿行取食。如果选用本地湖鸭或纯养公鸭也可以，只是经济效益稍低些，其生态效益同等。

2 水稻大田栽培

2.1 整田施肥 大田整地要求下粗上细、平整。实行一次性施肥，不使用追肥，轻氮重磷钾，即每季每 667 平方米大田施用 25％水稻专用配方肥 50 千克，尿素 5～7.5 千克作基肥即可。

2.2 密度与基本苗 早稻每 667 平方米抛（移）栽 2 万～2.2 万蔸，常规稻 10 万～12 万基本苗，杂交稻 8 万～10 万基本苗；晚稻每 667 平方米抛秧或移栽 1.8 万～2 万蔸，常规稻 10 万左右基本苗，杂交稻 8 万左右基本苗；一季稻每 667 平方米抛秧或移栽 1.5 万～1.8 万蔸，6 万～8 万基本苗。

2.3 水浆管理 水稻抛（移）栽返青后，长期保持 1～2 厘米深的水层一直到水稻的乳熟期。收鸭后则实行干湿壮籽，促进灌浆结实。

2.4 病虫防治 稻田养鸭后，一般不需使用杀虫剂和除草剂。如遇部分病虫特大暴发的世代而要达到防治指标的，可用生物农药进行防治。

3 鸭子围养技术

3.1 鸭子放养数量与稻田面积 一般每 667 平方米大田放养雏鸭或成鸭 12～18 羽。每丘稻田面积以 1000 平方米左右为宜，如果一丘田面积过大，可用围网隔开饲养，以避免鸭子成群聚集，踩死禾苗。

3.2 围网、建舍、开沟、挖凼 围网：每 667 平方米大田用三指尼龙网 2～2.5 千克沿田埂周围围好，防止鸭子逃跑。围网高 60 厘米，每隔 2 米左右用小竹竿 1 根支撑，围网离田埂 50～80 厘米。超过 80 厘米高的田埂可以不围。

建舍：在稻田的一边或一角按每 10 羽 1 平方米的规格建一个鸭子栖息、取食、避暑、避寒的场所。鸭舍用竹木支撑，周围稍作围挡（要通风透气），舍顶用稻草或纤维编织袋等遮盖，防日晒夜露。舍内用木板或竹板平铺后放一个食盆。

开沟挖凼：为了让鸭子有一个取水洗澡的场所，在鸭舍下挖一个深 50 厘米、面积约两个鸭舍大小的凼。

3.3　科学饲养　鸭子孵出后，先在室内加以水、食训练，当放入稻田后，每天每羽用稻谷、玉米等谷物类饲料 50～100 克饲养。产蛋期每天每羽用稻谷、玉米等谷物饲料 100 克进行饲养。大田饲养期间，投放的饲料要适中，既要保证鸭子的正常营养，又要确保鸭子到田间觅食，达到消除水稻病叶、杂草及降低病虫发生基数的目的。

3.4　适时放鸭、收鸭　当水稻抛（移）栽 15 天后，即可将孵出饲养了 20 天左右的雏鸭放到大田，成鸭可直接放入大田。收鸭时间：在早、中、晚稻进入钩头散籽辄、将鸭子收回或围于田间鸭舍内。

双季稻田养鸭有两种模式；一是在早稻和晚稻各投放一次鸭子，其特点是可收获 2 批鸭子，如果投放的是雏雄鸭，则鸭子嫩、个体小，适合于加工烤鸭、酱板鸭。二是全年只投放一次鸭子，即早稻抛（移）栽返青后放鸭下田，待早稻钩头散籽时收回成鸭圈养 10～15 天，待晚稻抛（移）栽返青后再放这批成鸭下田，直到晚稻成熟时再收回。读种方式适于放养产蛋雌鸭，获取较高产蛋利润。

3.5　疫病防治　雏鸭要适量喂食土霉素钙盐，同时要接种鸭瘟疫苗，并防止禽流感的发生。鸭舍内要经常进行消毒，确保卫生。

再生稻高产栽培技术

再生稻是指利用头季稻收获后的稻桩的休眠芽，在适宜的温、光、水、肥条件下萌发出分蘖生长成穗而收获的一季水稻，别称"抱儿禾"。其主要特点是：一是产量高。一般每 667 平方米产量可达 300～350 千克。二是降低生产成本。头季稻蓄留再生稻种植方式每 667 平方米可节约整田、种子、秧田占用、育秧、插秧、农药、水电等成本费用 150 元左右。三是米质好。再生稻米饭柔软可口，符合绿色食品与环保的要求，深受消费者喜爱。四是适应性广，利于冬种。尤其是冷浸田、深泥脚田、低湖田等低产田中实施，不仅产量可大幅度提高，而且是一项重要的避灾农业措施。加上再生稻的收割时期一般比双季晚稻提早 10 天左右，有利于冬季农业发展。

栽培技术要点

1 选用良种

良种选用的具体要求：一是生育期适宜。能确保再生稻在 9 月 10 日前齐穗；二是米质优良。要尽量选用品质较好的品种（组合）；三是再生稻高产稳产；四是再生能力强。目前适应湖南大面积作头季稻蓄留再生稻的杂交稻组合有两优 669、培两优 288、培两优 500、新香优 63、两优培九、丝优 63、油优 65、油优 63 等。

2 适时播种

播种时间关系到再生稻生产的成败。头季稻必须在 8 月

10 日之前收割，方可保证再生稻在 9 月 10 日左右安全齐穗。如类似油优 63 熟期的迟熟组合，要求在 3 月 25 日左右播种，如采用抛秧栽培，可提早至 3 月 20 日左右播种。像培两优 288 之类的中熟组合，根据冬作物种植季节需要，播种期可在3月底至 4 月 10 日之间合理安排。冬作物收获迟的，播种期相应推迟，以确保适龄插秧；冬作物要求早播的，则播种期适当提前，提早收割，进行冬种。

3 培育壮秧

为保证有足够的基本苗，要适当加大大田用种量，一般迟熟组合每 667 平方米大田用种 1.5 千克，中熟组合 2 千克。秧田播种量每 667 平方米 10～12 千克，稀播匀播。也可采用塑料软盘育秧，选 353 孔软盘 50～60 个（迟熟组合 50 个，中熟组合 60 个），将芽谷均匀播到软盘孔内，每 667 平方米用 1 包壮秧营养剂。如果育秧期间气温较低，要求薄膜覆盖。

4 宽窄行移栽

水稻再生的边际效应很明显，为改善植株间的光照条件，促进休眠芽生长成穗，最好采用东西向的宽行窄株插植，每 667 平方米插 1.6 万～1.8 万蔸。软盘育秧的可按一定规格的宽窄行摆栽。抛栽时，要选晴好天气，以利早生快发。

5 精细培管

5.1 合理施肥 采用基肥足、追肥早、重施促芽肥等施肥方法，一般大田每 667 平方米施猪粪 1000～1500 千克、25％水稻专用配方肥 50 千克作基肥，移栽后 5～7 天每 667 平方米追施尿素 7.5 千克，晒田复水后每 667 平方米追施尿素 5 千克、氯化钾 7.5～10 千克，齐穗后 15～20 天（即收割前 7～10 天）每 667 平方米施尿素 7.5～10 千克（作促芽肥）。

5.2　科学管水　采取浅水分蘖、够苗晒田、有水抽穗、干湿壮籽的灌溉方式，以养根护芽。

5.3　防治病虫　重点防治好稻飞虱、纹枯病、二化螟，确保不烂蔸死秆。病虫为害对再生能力影响极大，用药时要分厢均匀喷施。通过加强管理，使头季稻收割时根健叶绿，保持较高的生理功能，为再生发苗打好基础。

6　适时收割，确保留桩高度

头季稻收割过早影响头季产量，收割过迟则影响再生和安全齐穗，因此，要求在 8 月 10 日前稻谷成熟达 85％～90％时进行收割。留桩高度因品种而异。目前生产上使用的杂交稻组合大多数适合于留高桩，因为再生穗主要从倒 2 节和倒 3 节上的休眠芽发育长成，因此，留桩高度以倒 2 节以上 5 厘米处割断为宜，其高度一般在 40～45 厘米为佳。

7　加强再生稻培管

头季稻收获后，要及时清除杂草、残叶，田间要保持浅水层。头季稻收获后 2～3 天每 667 平方米追施尿素 5 千克、氯化钾 7.5 千克，以促进潜伏芽的生长。同时，每 667 平方米用"920" 2～3 克加水 50 千克喷施稻桩，打破芽子休眠，促迅速出苗。再生稻抽穗期间，每 667 平方米喷施 1 包谷粒饱。再生稻齐穗后，田间要保持湿润。根据病虫预报，及时防治好病虫害，重点防治稻飞虱和钻心虫。

注意事项

1　头季稻抽穗至成熟期间如遇异常高温或低温，要加深田间水层，以起到降温和保温作用。

2　头季稻收割之前 7～10 天的促芽肥和收割后 2～3 天的发苗肥的施用必不可少。

3.头季稻收割后，切忌鸡、鸭、家畜下田。

早稻少耕分厢撒播技术

少耕分厢撒播技术是湖南省农科院研究的一种水稻轻型栽培技术。近年来，该技术在季节上由早稻撒播逐步扩展到一季中稻、一季晚稻、连作晚稻上推广应用，深受广大农民欢迎。其主要优点：①省力省工。不需育秧、扯秧；插秧，采用化学除草、撩穗收割、脱粒机脱粒等工序，解决了农民"三弯腰"（扯秧、插秧、收割）之劳苦，每667平方米可省工6个左右。②省种。常规早稻撒播每667平方米大田只需用种5~6千克，比育秧移栽少2~3千克；杂交早稻和杂交早稻作连晚少耕分厢撒播每667平方米大田用种1.25千克，均较移栽少0.25千克左右。⑧早发防僵苗。因撒播田少耕，加上在二叶一心前厢面不上水，增加了土壤通气性，减少了亚铁、硫化氢等有毒物质的危害，提高了根系活力，且未经过移栽，无移植损伤，可以防止僵苗。同时，撒播比移栽的播期迟10~15天，但分蘖始期却早10天以上，有利于早发。④稳产高产。撒播秧苗分蘖节位低，有效穗多，成穗率高，一般每667平方米产量比移栽的高50千克左右。

栽培技术要点

1 合理搭配品种

早稻撒播要立足全年，抓好早晚两季品种搭配。一般采用早配中、中配中、特早配迟的模式，以利茬口衔接，季季高产全年丰收。以特早熟品种早原丰、早熟品种益早籼3号、中熟品种湘早籼24号、湘早籼31号等品种为宜。

2 科学耕整分厢

采用干耕水整，一犁多耙，做到"上糊下松"，然后稿匀，开沟分厢。厢宽一般 2.5～3 米，沟宽 20～25 厘米，沟深 10 厘米。将沟泥均匀撒开在厢面，稿平后播种。同时开好围沟保持排水畅通，以免厢面渍水。

3 适时适量播种

一般在 4 月 10 日左右，当温度稳定通过 12℃时即可抢冷尾暖头进行撒播。每 667 平方米大田用种 5～6 千克。撒播时，将催好的芽谷抢晴天分厢过秤匀播，播种后泥浆塌谷不见谷。二叶前厢面不上水，晒板促扎根。二叶一心时适当移密补稀。

4 施足基肥巧追肥

每 667 平方米施用碳铵 30～40 千克、磷肥 30～40 千克（或复混肥 40 千克）、猪牛粪 30～40 担、绿肥 1000～1200 千克作基肥进行耕翻。耕田时面施锌肥 1 千克。秧苗二叶期复水后，每 667 平方米追施尿素 5～7.5 千克、钾肥 5 千克作"断奶肥"。始穗期每 667 平方米用谷粒饱 1 包加水 40～50 千克叶面喷施，个别缺肥叶色发黄的田块每 667 平方米还应追施尿素 2～3 千克，以保活熟。

5 科学管水

播种后应露田至秧苗二叶一心后上水。期间如遇大雨或连续低温阴雨，如果芽谷被雨水打出泥面，不要再塌谷，以免损伤扶针秧苗和谷芽。当分蘖末期每 667 平方米苗数达 35 万左右时即可晒田，晒田标准以分蘖终止，叶色稍退，田面硬皮，白根跑面为度。

6 搞好化学除草

当秧苗 2.5～3 叶时每 667 平方米用杀稗王 30～40 克、苄黄隆 15 克对水 45～50 千克均匀喷雾。喷施时厢面要干，喷药 1～2 天后灌浅水层，喷药后 4～7 天再灌深水 3～5 天。如因天气或其他原因，化学除草失败，要注意及时补药。除草剂在施药 24 小时后一定要上水，防止药害。

7　防治病虫害

根据病虫预报，按当地农技部门发放的《病虫防治通知单》进行用药防治。特别要搞好纹枯病的防治。

一季中稻、一季晚稻、双季晚稻采用少耕撒播，除播种期不同外，大田管理与早稻相一致。一般来说，一季中稻在 4 月 15～25 日播种为宜；一季晚稻在 5 月 15～25 日播种为宜；双季晚稻播种期应根据品种生育期的长短来定。如常规早稻作双晚撒播，迟热品种可安排在 7 月 15～20 日播种，早熟品种可安排在 7 月 25～28 日播种；杂交稻早熟组合如威优 35、威优 49 可安排在 7 月 4～6 日播种，威优 402、金优 402 可安排在 7 月 6～8 日播种。其他栽培技术与育苗移栽的管理相同。

水稻起垄栽培技术

丘陵山区的冲谷地、塘库渠坡脚及平湖区的低洼地带的稻田，往往排水不良，受地下水或山阴冷浸水为害严重，潜育性程度高，致使早、中稻经常出现翻秋、僵苗、迟发及禾苗贪青晚熟、病虫害严重、空壳率高，造成减产甚至失收。这些稻田采用起垄栽培，可提高泥温，改善土壤通透性，消除还原性有毒物质的危害；增强土壤微生物活性，促进土壤有机质分解，增加速效养分含量，促进水稻对养分的吸收，因而获取较高的产量。该技术是一项投资少、见效快、经济效益高、操作简便易行的实用技术。

技术要点

1 开沟起垄

起垄方向以东西向为宜，利于稻株通风透光。山丘区当风口的垄田，起垄方向要与常年风向垂直，防止大风造成倒伏。作垄的方式有以下几种。

1.1 板田作垄 用板田过冬的稻田，开春后不经翻耕整平即可作垄。作垄时，按照垄沟的一定规格开沟，将沟内泥土均匀放在垄面上，下足底肥，挖松整平。

1.2 冬堡田作垄 冬季翻耕晒堡田，在开春后灌水至犁堡面，耙平后排干水，按规格做好沟和垄，沟中泥土均匀放在垄面上，下足底肥，整平堡面。

1.3 冬种作物田作垄 冬种作物收获后，随即翻耕整平，按规格做好沟和垄。油菜田不经翻耕可直接作垄。沟中泥土均匀放在垄面上，施好底肥，整平垄面。

1.4 烂泥田作垄 先在稻田两旁开排水沟，排除冷浸水，不需犁耙，直接作垄，施足底肥。这类田要分 2 次作垄，第 1 次在插秧前 15～20 天按规格起毛坯，稻田不再灌水，保持湿润，露田几天使垄面沉紧，待插秧前 2～3 天再进行第 2 次清沟补垄。

潜育性稻田少耕、免耕，利于保持土壤结构，促进土壤爽水通气，保持土壤表面氧化层，提供有效养分。

垄面宽度早稻为 70～80 厘米，中稻为 113～133 厘米，沟宽 30 厘米，沟深 25 厘米左右。开好围沟，田大的要开腰沟，使垄沟、腰沟、围沟相通，利于排除土体内渍水。注意垄面要做到上糊下松，沟深面平。

2 选用高产品种（组合）

因地制宜选用生育期适中、抗倒、耐肥、抗病虫、株型紧凑、丰产性好的优良品种（组合），以充分发挥边行优势，挖掘土壤潜在肥力和充分利用光热条件。早稻宜选用中迟熟品种（组合），中稻选用迟热组合为佳。

3 培育壮秧，提高秧苗素质

素质好的壮秧，根系发达，茎秆粗壮，积累的营养物质多，能抵御不良环境的影响，插后返青快，分蘖早，是形成前期营养优势、获得足穗、大穗夺高产的基础。因此，最好采用"旱育保姆"进行旱育秧和塑盘旱育秧技术培育壮秧。

4 合理密植，插足基本苗

插秧规格应根据水稻品种（组合）及垄面宽窄而定。一般早稻田垄宽 70～80 厘米的插 4～5 行，株距 13 厘米，每 667 平方米插 1.8 万～2.3 万蔸；中稻田中熟组合垄宽 113 厘米的插 6 行，株距 13 厘米，每 667 平方米插 2 万蔸左右；迟熟组合垄宽 133 厘米的插 6 行或 5 行，株距 16.5 厘米或

13厘米，每667平方米插1.5万蔸左右。

5　科学管水施肥

5.1　科学管水　插秧时，垄面保持3厘米左右水层，以利返青；分蘖时，垄沟有水，垄面湿润；抽穗前清沟1次，垄面干干湿湿，灌跑马水；灌浆结实期做到干湿壮籽，以湿为主；后期落干露田，以利成熟。

5.2　合理施肥　施肥原则是以有机肥为主，化肥为辅，氮、磷、钾配合。最好是在施足有机肥的前提下，采取测土配方施肥技术，在当地农技部门指导下进行。另外，及时搞好病虫防治，夺取高产。

优质稻的保优高产栽培技术

优质稻米的品质除主要受遗传因素支配外，还要受外界条件、栽培措施的影响。因此，良好的栽培技术不仅可使优质稻获得高产，而且还可提高稻米品质。

栽培技术要点

1 选用优良品种，确保品质

选用优质稻良种必须遵循三个原则，即因地制宜原则、合理搭配原则、优质高产原则，三者缺一不可。目前湖南省推广的优质稻品种主要有：早稻湘早籼 31 号、湘早籼 15 号、中优早 5 号、中鉴 100、香两优 68 号、中优早 81、长早籼 10 号、金优 402、株两优 02 等。中稻培两优慈四、新香优 63、丝优 63、培两优特青、两优培九、南京 16 等。晚稻金优 207、新香优 80、培两优 288、岳优 63、湘晚籼 11 号、湘晚籼 5 号、中香 1 号、湘晚籼 9 号、湘晚籼 13 号等。

2 适时播种，培育壮秧

湖南早稻在 3 月下旬至 4 月初播种为宜。采用地膜覆盖、塑盘旱育抛秧可提早到 3 月 15～20 日播种最佳，最迟不超过 3 月 25 日；也可采用"旱育保姆"旱育无盘抛秧技术。晚稻要根据品种（组合）的特性、前作的熟期、当地的自然生态条件等因素确定适宜的播种期。一季稻播种期一般以 5 月上中旬为宜，这样既可避开高温天气（火南风）对扬花结实的影响，又可避开寒露风的为害。一季稻蓄留再生稻的适宜播期应在 3 月底 4 月初。

俗话说："秧好半年禾。"对优质稻来说，秧苗素质的好坏，同样对以后的产量起着重要作用。据研究，优质稻高产栽培的主要育秧方法：早稻以旱育无盘抛秧和旱育软盘抛秧为宜，晚稻以旱育软盘抛寄两段秧为佳。

3 合理密植，适时控苗

高产群体要求插后 15 天内发足预期的有效穗所需苗数。每 667 平方米有效穗早稻 26 万～50 万；晚稻 21 万～23 万。不同品种因穗粒、性状不同而有不同的高产穗粒结构，应根据不同的品种特性分别制定群体发育指标，以便采取相应的分段目标动态措施。研究表明，早稻较高群体易于多穗获得高产，晚稻中群体利于大穗夺高产和提高米质。

密度对优质稻产量有很大影响，但基本苗太多容易形成群体过大，造成过早封行，成穗率和每穗总粒数降低，应根据品种特性插植相当密度的基本苗。早稻一般以每 667 平方米 2 万～2.2 万蔸，10 万左右基本苗为宜，晚稻一般以每 667 平方米 1.5 万～1.8 万蔸，常规稻 8 万～12 万基本苗、杂交稻 6 万～8 万基本苗为宜。

控制适当的群体，减少无效生长是优质稻高产栽培的关键。控苗时间根据品种特性、分蘖速度、气候状态等情况而定。分蘖力强，前期分蘖快的应早控，早稻应早于晚稻。正常分蘖的稻田，一般早稻控苗期为田间苗数达到预期穗数的 75%～80%，晚稻则达到预期穗数时控苗。

4 合理施肥

优质稻对营养元素的需求有其各自的特点。试验表明，较高的氮、磷、钾配比，配合一定比例的有机肥和镁、硫、钙对提高产量和米质有明显效果。优质稻高产优质施肥原则为：增施有机肥，以有机肥和无机肥配合为主体，大量元素和中、微量元素相结合，采取"稳前攻中保后"的施肥方法，提高肥料利用率，确保前期稳长旺长。

施肥量应视土壤肥力和产量水平而定。一般中等肥力水平稻田每 667 平方米产量 500 千克的施肥量为：总施氮量 10～12 千克，其中有机氮占总氮量的 40%；适宜的氮、磷、钾比早稻为 1∶0.5∶0.8，晚稻为 1∶0.45∶0.9。其具体施用方法：早稻每 667 平方米施绿肥 1000 千克、猪粪 1000 千克、水稻专用配方肥 40 千克；绿肥田应在插前 10～15 天翻耕，猪粪翻耕时施用，水稻专用配方肥全层施用。移栽后 5～7 天每 667 平方米追施尿素、氯化钾各 5 千克，以能维持分蘖稳步发生为度。幼穗分化 4～5 期，每 667 平方米追施尿素和氯化钾各 4～5 千克，以促进后发分蘖成穗和每穗总粒数的增加。晚稻每 667 平方米施稻草 300 千克、猪粪 1000 千克、水稻专用配方肥 50 千克。猪粪翻耕时施用，水稻专用配方肥全层施用。插后 3～5 天每 667 平方米追施尿素和氯化钾各 4～5 千克，幼穗分化 4～5 期追施尿素和氯化钾各 4～5 千克。

5 科学管水

5.1 移栽至返青期田间保持浅水层；分蘖期间歇灌溉，陈水不干，新水不上。

5.2 多露轻晒，露田晒田有利于控制无效分蘖和促进根系生长，但晒由过重影响干物质韵积累不利于大穗。

5.3 孕穗至抽穗期，田间保持浅水层，做到有水抽穗。

5.4 后期保持湿润灌溉，维持至蜡熟期。优质稻后期对水分需求高于普通高产稻，特别是齐穗后 15～20 天，缺水极易造成稻米断层形成，降低整精米率．因此，后期应防止田间过早脱水。

6 生化调控，确保高产优质

6.1 施用壮秧剂 施用壮秧剂能有效地增强秧苗抗逆

性，提高成秧率，提高秧苗素质，促进分蘖和提高结实率。

6.2 施用调优剂 孕穗期施用调优剂，有利于提高谷粒充实度，防止和延缓稻米断层形成，提高整精米率。

6.3 施用壮籽剂 抽穗齐穗期施用"谷粒饱"、"壮谷王"能延长叶片功能期，防止早衰，提高结实率和千粒重。

7 优化防治病虫害

优质稻田间最常见的病虫害主要有纹枯病、稻瘟病、白叶枯病、稻飞虱。稻纵卷叶螟、二化螟等。防治上要求针对不同发生情况，采取综合措施，实施优化防治技术。一是种子消毒。一般是1克强氯精浸1千克稻种，消毒24小时后洗尽催芽播种。二是适合的氮、磷、钾肥料比例搭配，特别防止施过量氮肥造成疯长，诱发病虫。三是大力推广生物农药防治病虫，例如井岗霉素、纹枯净等。四是适时、适量选用高效、低毒、低残留的对口农药防治相应的病虫，如乙酰甲唑灵防治二化螟，威灵防治稻纵卷叶螟，一遍净防治稻飞虱，清道夫防治稻瘟病等。注意在收获前20天内忌用任何化学农药。

8 适时收获，严防刈青

一般以黄熟期谷粒含水量在20％左右时收获为佳，收获后严防在水泥地面上暴晒，以免米粒出现裂缝和碎米率提高。

水稻生化调控技术

水稻栽培采用生化调控，可培育带蘖壮秧、提高秧苗素质，提高结实率，增加千粒重，防止卡颈等，从而提高水稻产量和品质。水稻生化调控技术主要有多效唑的应用、烯效唑的应用、谷粒饱的应用、多功能壮秧剂的应用及"920"的应用等，现分别介绍如下。

1 多效唑在水稻生产上的应用

1.1 多效唑的主要效应

水稻秧苗喷施多效唑后，秧苗均表现明显的矮化作用，防止徒长；促进秧苗分蘖、降低分蘖节位；增强秧苗抗逆能力；促进栽后早发，增加成穗率和有效穗，达到增产的目的；同时，可抑制田间杂草生长，防止恶苗病发生。

1.2 水稻应用多效唑技术

1.2.1 早、中稻秧苗喷施多效唑　在播种塌谷后，每667平方米秧田喷万分之二的多效唑药液100千克，即用15%的多效唑可湿性粉剂133克加水100千克喷于厢面，喷药后即可盖地膜。如播种时遇雨，也可在3叶1心期（揭膜后）喷同样剂量的多效唑。

1.2.2 杂交晚稻秧苗喷施多效唑　晚稻育秧期间正值高温，秧苗生长快，要想获得理想的控长效果，必须根据秧龄长短使用不同的用药量。一般来说，短秧龄组合（35天以内），每667平方米秧田喷万分之三多效唑药液60千克，即用15%的多效唑可湿性粉剂120克加水60千克；长秧龄组合（35～45 天），每 667 平方米秧田喷万分之三多效唑药液 80 千克，即用 15％的多效唑粉剂 160 克加水 80 千克；秧龄 45 天以上，每 667 平方米秧田喷万分之三多效唑药液 100 千克，即用 15％的多效唑粉剂 200 克加水 100 千克。喷药时期均为秧苗 1 叶 1 心期。

1.3 注意事项

1.3.1 严格掌握用药量，多效唑是一种植物生长调节剂，活性高，对用药剂量不能随意增减，否则达不到预期效果，甚至将产生药害。

1.3.2 喷药肘，田面要干水，有利于土壤吸收，喷后 24 小时再灌水，如喷药后 6 小时内下大雨，可采取关秧水或减半补喷。

1.3.3 减少秧田播种量，充分发挥多效唑的促蘖优势，一般秧田播种量可比常规的减少 20％～30％。

2 烯效唑在水稻生产上的应用

烯效唑又名高效唑，其生理活性比多效唑高 6～10 倍，替代多效唑培育水稻带蘖壮秧，控长促蘖效果更加明显。

2.1 烯效哇的主要效应

烯效唑对秧苗的生长有十分显著的控长作用。能增加秧苗分蘖，提高秧苗素质；节省用种量，每 667 平方米大田可省杂交稻种子 0.3～0.5 千克；增产效果明显，增产率为 4％～10％。另外，还可减轻败苗。

2.2 烯效唑培育水稻壮秧技术

采用漫种、秧苗喷雾、拌种等方法均可。但在同等用药量条件下，拌种效果最好。拌种的用量比浸种的可少一半，浸种和拌种，谷粒吸药均匀，秧苗生长表现整齐一致。方法简单，操作方便，不需增加用工，且不受天气好坏的影响。

药液浓度的控制在万分之一为佳。用烯效唑浸种，种子累计在药液中浸 12～24 小时效果为好。可将种子装入编织袋中，浸 4 小时后取出透气，透气 4 小时后再浸 2～3 小时，如此反复，直至破胸即可播种。其药液配制方法是：1 千克种子用 5％烯效唑可湿性粉剂 1.5～2 克加水 1.5 千克（先用少量清水将粉剂化开搅匀）后浸种。

3　谷粒饱在水稻生产上的应用

3.1　谷粒饱的主要效应

防止卡颈，促进齐穗。水稻在抽穗期喷施谷粒饱，可防止杂交稻卡颈，促进齐穗。延缓功能叶寿命，防止早衰，稻株落色好。提高结实率和千粒重，增产效果显著。一般早稻每 667 平方米增产 30～35 千克，晚稻增产 20～40 千克，增产 10％～15％。

3.2　水稻应用谷粒饱技术

3.2.1　使用时期　谷粒饱应用于杂交稻，晚稻宜在始穗期至齐穗期喷施，既有减少包颈、防止卡颈、促进齐穗、增加有效穗的效应，也有防早衰和壮籽功能。常规早、中稻、再生稻头季稻宜在齐穗至齐穗后 3～5 天施用。

3.2.2　用法用量　一般每 667 平方米施用量 50 克（1 小包），加水 50 千克充分溶解搅匀，选无雨天气喷雾于稻叶上，若喷后 6 小时内遇雨，应补喷 1 次。

3.3　注意事项

3.3.1　谷粒饱可与农药混合使用，但不能与碱性物质混用。

3.3.2　施用谷粒饱的作物不需增施"920"、硼、锌等植物生长调节剂或微肥。

3.3.3　严禁粮油作物苗期施用谷粒饱或在高秆易倒作

物上施用。

4 大田施用"920"增产技术

4.1 水稻大田施用"920"的效应和效果

水稻大田施用"920"，具有减少卡颈，增加株高，增加有效穗，提高结实率，增加实粒数，从而增加产量的显著效果。

4.2 水稻大田"920"施用技术

4.2.1 施用对象田的选择和施用量 除青疯徒长苗和抗倒能力差的品种或组合外，一般水稻都可施用。用量以每667平方米用粉剂1克或乳油25毫升为宜。若抗倒力强且卡颈特别严重的组合和丘块；"920"用量可适当增加到每667平方米用粉剂1.5克或乳油37.5毫升。

4.2.2 施用适期 一般以抽穗20%～30%为施用适期。但卡颈严重的组合和生长不齐的田块，可适当提早到抽穗10%～20%时施用。

4.2.3 施用方法 施用粉剂时，每克粉剂须先用50克酒精或度数高的白酒溶解，然后对水50千克喷雾。"920"乳油可以直接对水施用，每667平方米剂量同样对水50千克喷雾。

4.3 注意事项

4.3.1 "920"不能与碱性农药和碱性肥料等混合施用。

4.3.2 配好的稀释液要随配随用，以免放置过久失效。

4.3.3 喷雾时要避雨顺风。

5 多功能壮秧剂使用技术

5.1 壮秧剂的主要效应

壮秧剂能一次完成早稻育秧苗床消毒、调酸、施肥、化学调控等多项作业程序，能有效地增强秧苗抗逆性，提高秧苗素质，防病治病效果好，促进分蘖和提高结实率。具有使用方便、适应性强、节省秧田、减少用工、降低成本、增产增收等特点。

5.2 使用方法

5.2.1 旱育秧及湿润育秧 用壮秧剂 1 包（500 克）与过筛细土 5 千克拌匀后均匀撒在 5 平方米（湿润育秧 6 平方米）整好的秧厢表面，用耙子耙入 2 厘米土层中。旱育秧床浇透水后播种塌谷盖土，湿润育秧播种塌谷即可。

5.2.2 软盘旱育秧 用壮秧剂 1 包（500 克）与过筛细土 10 千克混匀后分成 2 份，1 份均匀撒在 10 平方米整好的秧床表面，浇透水后摆放好 353 孔软盘 60 个；另 1 份均匀撒在软盘孔内，再装入适量过筛细土，浇透水后播种、盖土、盖膜。

5.2.3 软盘湿润育秧 用壮秧剂 1 包（500 克）与过筛细土 10 千克混匀后分成 2 份，1 份均匀撒在 10 平方米整好的秧床表面，浇透水后摆放好 353 孔软盘 60 个；另 1 份均匀撒在软盘孔内，然后用糊泥装满盘孔，沉实后播种、盖土、盖膜。

5.3 注意事项

5.3.1 严格掌握用量与操作规程，壮秧剂与营养土要充分拌匀、施匀。

5.3.2 严禁用拌有壮秧剂的营养土盖种、拌种与种子混播。

5.3.3 旱育秧播种后要喷足水分盖好种，不可露种。

5.3.4 施用壮秧剂后，苗期一般不需施用化肥或化学调控剂。

玉米间套高产栽培技术

玉米是重要的粮食作物，也是发展畜牧业的主要饲料作物。随着湖南省畜牧业特别是瘦肉型猪生产的发展，对玉米的需求量日益扩大；结合农业产业结构的调整和提高旱地单位面积产量，推广玉米间套高产高效栽培技术，发展玉米生产，无论从产量和效益上来说，都是目前农民生产上一种良好的种植模式。

技术要点

1 稻田玉米间种大豆配晚稻

1.1 稻田选择及耕整

选用地势较高、排水条件好的偏沙性稻田，在先年晚稻收获后即翻耕整地，通过晒坯、冻坯、风化或冬种一季蔬菜；以疏松土壤。同时按 2.15 米宽分厢，并开好围沟、厢沟、腰沟。翌年开春后清理"三沟"并平整厢面，在玉米移栽前 7～10 天，每 667 平方米用 40% 农达 200 毫升对水 40 千克喷雾或用克无踪 250 毫升对水 50 千克喷雾杀灭田间杂草。

1.2 品种选择

玉米选用登海 1 号、中糯 301 等，每 667 平方米大田用种 0.75 千克；大豆选用鄂豆 4 号和湘春豆系列品种，每 667 平方米大田用种 5 千克。

1.3 适时播种

玉米 3 月 10 号左右播种，采用 100 孔软盘育苗或营养块育苗。每 667 平方米大田需软盘 25～30 个或营养块苗床

15 平方米，用钙镁磷肥 4～5 千克均匀拌入营养土或苗床中培肥。于 3 月底 4 月初当苗龄 2.5～3.1 叶（约 25 天）时，带土移植到厢两边玉米预留行中，株距 25 厘米。大豆在 3 月底 4 月初抢晴天播种，在玉米行间分 4 行穴播，株行距为 20 厘米×30 厘米，每穴播种 4～5 粒，每 667 平方米播 6250 穴，保证 2 万左右基本苗。玉米与大豆可用"旱育保姆"专用型进行包衣后育苗，提高素质。

1.4　合理施肥

大豆每 667 平方米用钙镁磷肥 25～30 千克、硼肥 0.1～0.2 千克拌入，15～20 担土杂肥及灰粪中，混合均匀后盖籽，随后用 50%乙草胺 10 毫升对水 50 千克喷施进行除草；苗期每 667 平方米追施尿素 5 千克提苗。玉米每 667 平方米用复合肥 30 千克、钾肥 5 千克作基肥，开穴深施于两兜玉米中间，切忌幼苗与底肥接触；栽后 7～10 天，每 667 平方米追施尿素 5 千克或人畜粪水 1000 千克提苗；玉米 9～10 叶时，每 667 平方米用尿素 10～15 千克开穴（沟）深施于玉米行间；抽雄始期每 667 平方米用谷粒饱 50 克或磷酸二氢钾 250 克对水 50 千克均匀喷施顶上部 4 叶，壮籽防早衰。

1.5　加骚管理

及时中耕除草，清沟排渍，做到雨住田干。玉米大喇叭口期当 5%～10%植株心叶出现小孔花叶时，每 667 平方米用 3%呋喃丹 1.5 千克拌细沙 5 千克点心叶，鲜收玉米棒的用锐劲特 20 毫升对水 30 千克灌心叶。拔节至抽雄期，每 667 平方米用井岗霉素 150 克对水 50 千克喷雾防治纹枯病。穗期单株有蚜虫 300 只以上时，每 667 平方米用 10%大功臣 1 包进行防治。大豆现荚至鼓粒期，每 667 平方米用 40%氧化乐果 1000～1500 倍液抢晴天喷施 2 次，防治豆荚螟。

1.6　适时播插优质晚稻

可选用湘晚籼9号、培两优288、金优207等，播种育秧和大田管理与双晚基本相同。

2 旱地以玉米为主的多熟栽培

2.1 间套规格

冬种时按2米（包沟）分厢，分带种植，一半于11月上中旬播种小麦，按10厘米×20厘米穴行点播，每穴播8～9粒，每厢播4～5行；另一半厢面种绿肥或蔬菜，次年春绿肥或蔬菜收后于3月下旬移栽2行春玉米，行距35～40厘米，株距因品种而异，一般17～27厘米。5月小麦收获后，整地起垄（垄面宽66～70厘米）插2行红薯，株行距25厘米×33厘米。

2.2 玉米栽培技术

2.2.1 品种选择 选择生育期适中、株型紧凑、植株较矮、抗性强的中迟熟大穗型杂交玉米品种，如湘玉一号、连玉13等。

2.2.2 培育壮秧 玉米育苗可采用塑盘（100孔软盘）育苗和营养块育苗（育苗方法与稻田种玉米相同）。每667平方米用种1.25～1.5千克。注意播种时要用好安威拌种（使用方法见说明），也可用旱育保姆包衣育苗。播种时间以地表5～10厘米温度通过10℃～12℃为准，一般在3月1～25日播种为宜。播种后，在玉米2叶前苗床温度保持在20℃～25℃为宜，2叶期后白天揭膜炼苗2～3天，并严格控水蹲苗，移栽前一天下午浇足水，以便起苗。

2.2.3 及时移栽 先将种植玉米的旱土进行深耕30厘米左右，然后整平，并开好主、畦、围三沟。当玉米3叶时进行移栽。移栽时要根据品种特性合理密植，一般每667平方米早熟品种栽4000株左右，中迟熟品种栽3000株左右，超大穗型品种栽2500株左右。移栽时，按苗子大小进行分级和东西行向及南北叶向移栽。

2.2.4　合理施肥　基肥以每 667 平方米施优质农家肥 1500～2000 千克、45％玉米专用肥 40～50 千克为宜，或用碳铵 50 千克、过磷酸钙 25 千克、钾肥 20 千克及少量的锌、硼肥等代替，要求覆土盖肥防止伤苗。移栽后 10 天左右或展开 4～5 片叶时，每 667 平方米穴施尿素 10 千克或用 1000～1500 千克人畜粪水加碳铵 25 千克进行浇施。在玉米大喇叭口期每 667 平方米追施尿素 15 千克。抽雄时每 667 平方米追施尿素 5 千克。抽雄授粉后，若苗情长势较差，每 667 平方米用谷粒饱 1 包（50 克）或磷酸二氢钾 1 包加水 50 千克喷顶部叶片促子粒充实防早衰。

2.2.5　加强田间管理　玉米移栽后要查苗补苗、保苗；移栽成活后 3～4 片叶时，每 667 平方米用烯效唑 1 包对水 15 千克喷雾。结合施用穗肥进行一次中耕除草和培土，防止倒伏。病虫以防治玉米螟、蚜虫、纹枯病 3 种病虫害为主，防治方法同稻田种玉米。当雄花抽出 1/3 时，隔行或隔株去雄花，并在上午 9～11 时进行人工授粉，连续 2～3 次，每次间隔 2～3 天，以减轻秃顶度，提高结实率。

2.2.6　及时收获　当子粒与穗轴连接处有一黑层时，即可抢晴天收获。

3　其他栽培模式

3.1　稻田西瓜间种玉米

西瓜是一种宽幅栽培的作物，在西瓜地的沟侧每 667 平方米间种 1000 株玉米，可收玉米 120～150 千克，且对西瓜产量无影响，可收到一举两得的效果。

3.2　稻田早稻—秋玉米

早稻栽插迟熟品种，获得每 667 平方米 450 千克以上高产，晚季种植甜糯玉米品种上市，可获得 800～1500 元的效益。该模式最适合于城区近郊，也适合于水灾后无法种植晚稻而改种秋玉米的地区。

注意事项

1 稻田春玉米间种大豆的田一定要冬耕翻地。

2 夹泥浆田不能种植玉米和大豆。

3 因地制宜选择和合理搭配品种，做到用地养地相结合。

4 品种要选择优质、高产、高抗、株型好的品种，并与多种作物换年度搭配种植。

5 育好壮苗是关键，高海拔（700 米以上）地区应采用地膜覆盖，中低海拔地区以地膜覆盖营养块育苗移栽为宜。

甜糯玉米高产栽培技术

甜玉米和糯玉米是两个不同的特用玉米类型。甜玉米别名菜玉米，水果玉米，富含蛋白质、糖分和多种维生素等营养成分，主要用于鲜食和加工成罐头等产品。糯玉米的黏滞性和适口性好，除食用外，主要用于加工成糯玉米淀粉和真空速冻食品及造纸工业用黏合剂。另外，其秸秆是一种很好的饲料。开发甜糯玉米，对于改善人们的膳食结构、发展畜牧业、增加农民收入、发展农村经济具有重要的现实意义。

栽培技术要点

1 适时播种

直播的时间以日均气温稳定通过12℃为宜，湖南一般在4月5日左右。如采用营养块薄膜育苗，可提前10～15天播种，即在3月20～25日播种。春季播种时，在3月中旬至5月上旬可每隔10天播种一批为宜；秋季播种时间从7月20日到8月10日止，可每隔5天播种一批为好，这样可以延长供应市场的时间或加工期限，并获取最好经济效益。

2 隔离种植

因甜、糯玉米与普通玉米之间不能混种，主要是防止串粉影响品质。因此，在栽培布局时，要从空间和时间上进行隔离种植。300米以内或授粉期10天以内不得种植其他类型的玉米。

3 选用良种

目前种植的甜玉米品种有湘超甜1号、穗美9701、华甜

1 号和台湾顺风超甜玉米等；糯玉米品种有中糯 1 号、中糯 301、白糯 2 号、江南花糯玉米、黑糯玉米等。

4 做到一播全苗

甜糯玉米种子颗粒小，内涵物少，播种后出苗率低，苗期长势弱，加上种子价格较高，为了节省种子、培育壮苗、提早上市，必须采用塑料软盘育苗移栽技术，做到一播全苗。

操作方法：一是每 667 平方米大田用种甜玉米 0.75～1千克、糯玉米 1.5 千克。二是甜玉米浸种 3～5 小时、糯玉米浸种 6～8 小时后保温催芽。种子催芽露白即可播种。三是选用 100 孔塑料软盘育苗，按每 667 平方米 3000～3500株备足软盘数量。播种前 30 天准备好堆沤的营养土，播种时将软盘摆放在土壤疏松、细平的苗床上，软盘要与土层结合，防止吊脚，苗床边比软盘宽 10 厘米。播种时先将营养土填入盘孔 2/3，摆放轻压种子后再盖一层营养土，然后浇足水分，起拱覆膜育苗。四是出苗前不揭膜，膜内温度控制在 20℃～30℃，苗床土壤保持湿润。出苗后膜内温度 30℃以内不揭膜，超过 30℃，要揭膜通气降温防止灼伤。1 叶 1心开始降温炼苗，结合追施腐熟稀粪水，待臭气散发后方可继续覆膜。不能施用化学肥料，否则会烧苗。3 叶期时选晴天带土移栽，大小苗要分开栽，栽后及时浇安蔸水。

秋玉米可在早稻收割后翻耕直接播种，每穴播 2～3 粒，3 叶期间苗，每穴留 1 株。也可育苗移栽。

5 合理密植

甜糯玉米是旱粮作物，要种植在旱土或排灌方便、地下水位低的稻田。如果是稻田种植春玉米，要隔年按包沟厢宽2.4 米分厢犁田烤坯，玉米移栽时再整土，清理好"三沟"。密度为每 667 平方米 2800～3000 株为宜，过密棒小，过稀影响产量；实行宽行窄株栽植，即每厢栽 4 行。宽行行距 80 厘米，窄行行距 50 厘米，株距 32 厘米。按南北向定向移栽，使叶片伸展方向与行向成直角，提高通风透光程度。秋玉米每 667 平方米栽 3200～3500 株。

6　施足肥料

以每 667 平方米产鲜棒 700 千克以上计算，总施肥量为纯氮 17～18 千克、过磷酸钙 40 千克、氧化钾 25 千克。施肥方法是：基肥：每 667 平方米用土杂肥 1000 千克、玉米专用复合肥 50 千克，拌匀后深施于玉米行间，施后盖土。追肥：移栽活蔸后，每 667 平方米用猪粪水 20 担、尿素 2.5 千克对水进行泼浇；甜糯玉米 8 叶全展期、每 667 平方米用尿素 15～20 千克开穴深施于窄行内。

7　防治病、虫、草、鼠

播种前灭鼠一次，播种后苗床周边投放灭鼠药防鼠害。整地后，移栽前用芽前除草剂"禾耐斯"60 毫升对水 75 千克均匀喷雾于厢面防除杂草。防治地老虎可每 667 平方米用 2.5％敌杀死 30 毫升加甲胺磷 150 克对水 25 千克于傍晚喷雾于玉米植株下部地面进行药杀。后期每株蚜虫达 300 只以上时，可用 10％吡虫啉 3000 倍液或 25％辟蚜雾 40 克对水 40 千克或氧化乐果 1500 倍液喷雾。30％玉米株发生纹枯病时，每 667 平方米可用井岗霉素 200 克对水 50 千克喷雾于植株中下部茎上，10～15 天后再喷一次。玉米大喇叭口期（8～9 叶全展）每 667 平方米用 25％敌杀死 40 克对水 50 千克喷心叶，或制成毒土点心进行防治。

8　适时采收

甜玉米在吐丝后 20～28 天、糯玉米在吐丝后 23～28 天即可采收鲜棒上市。采收过早子粒太嫩，内容物少、风味差、产量低，采收过迟则子粒太硬、风味差，影响价格。不同品种的适宜采收期应根据当地当季当时的特点和依据加工的要求进行实时动态测定、品尝而定。

9　甜糯玉米秸秆的利用

果穗收获后，随即收割秸秆可直接用作青饲料，也可以氨化青贮加工，长期贮存，分期饲用。若无青贮条件，则可晒干用作牛饲料（切忌霉变）。

高粱高产栽培技术

高粱子粒含淀粉 65.9％～77.4％、蛋白质 8.42％～9.6％、粗脂肪 2.39％～3.3％，并含有单宁，是酿酒的重要原料。湖南每年生产各类白酒 60 万吨，需高粱 180 万吨，而目前生产的高粱仅 4 万吨左右，需求缺口极大。因此，因地制宜发展高粱生产并形成一定规模，不失为一条农村致富的新路子。

高粱生长过程中耐旱、耐涝、耐瘠，易种易管，产量高，在较恶劣的环境条件下也能栽培。但随着品种更新和技术进步，在种植上应注重如下关键技术：

1　品种选择

可选湘两优糯高粱 1 号、两系杂交糯高粱等表现良好、产量高、适应性广的品种。

2　深耕整地

高粱根系发达，为提高根系生长和吸水吸肥能力，高产田要求耕层厚度在 30 厘米以上。确定春播高粱的田土，要求在年前翻耕并种植一季早熟蔬菜，以改善土壤环境。一般在高粱移栽或直播前 10 天翻耕整地，开沟分厢，要求按东西方向开厢，厢宽 2.4 米（含 33 厘米沟宽），并开好"三沟"。整地要求土层松碎，厢面无杂草，施足农家肥。

3　育苗移栽

春高粱一般在 3 月下旬播种，夏高粱在 4 月下旬播种。播种前将精选的种子晒 1～2 天。苗床选择背风向阳的、干爽的沙质壤土，每 667 平方米大田需各种子 0.5 千克、苗床

35 平方米，翻耕整地，清除杂草，平整厢面，用猪粪水 3 担均匀浇泼地面，然后均匀撒播种子，用煤灰或火土灰盖种至不见种子为宜，最后起拱覆膜。春播的当膜内温度达到 35℃时，要揭开膜两头通风降温，直到移栽前 2～3 天炼苗；夏播的出苗后 2～3 叶期即可揭膜让其露地生长。5 叶期进行栽，苗龄 15（夏播）～25 天（春播）。移栽密度为湘两优糯高粱每 667 平方米移栽 1 万株左右，其他品种栽 6000～8000株为宜。采用宽窄行移栽，宽行 55～60 厘米，窄行 25～30厘米，株距 18～20 厘米。移栽时尽量减轻根系损伤，多带土移栽，栽后浇猪粪水定根。

4 施肥

按每 667 平方米产 500 千克高粱计算，需施纯氮 14～15千克、五氧化二磷 6～7 千克、氧化钾 12～14 千克。为满足高粱生长需肥要求，一般每 667 平方米基肥用人畜粪 30 担、45％复合肥 50 千克；出苗拔节（9 叶）期结合中耕除草追施尿素 5 千克；拔节抽穗期追施尿素 10 千克。

5 再生高粱栽培

适合再生栽培的高粱品种只有湘两优糯高粱。再生栽培可免去整地，节省种子、肥料、人工，降低生产成本，争取季节，达到"一种两收"，获得高产。

技术关键是：头季高粱成熟前 7～10 天，每 667 平方米追施尿素 7.5～10 千克；避免头季高粱根系老化和侧芽早衰；并在收获前 2～3 天灌一次跑马水，使其土壤湿润。在前季高粱 80％的穗子达到成熟（穗子下部子粒手捏有黏稠浆汁，中上部子粒变硬即为成熟期）时收获，并及时砍秆、低桩留芽（缩短养分运转、减少养分消耗，再生苗粗壮，穗头大，产量高）。留桩高度以留 1 个节位、桩高 3～4 厘米为宜。砍秆后，及时中耕除草，在行间开浅沟，每 667 平方米施人畜粪肥10～15担、尿素5～7.5千克，施肥后覆土。当再生苗3～4叶时定苗，每蔸留低节位的壮苗或互生苗1～2株，每667平方米留苗1.3万～1.5万株。定苗后每667平方米施尿素7.5～10千克。后期如遇干旱，要及时灌跑马水。抽穗灌浆期可喷施磷酸二氢钾增强叶片功能，以提早成熟，防止霜冻为害。

6 防治病虫

红叶病 每667平方米用50％代森铵100克对水50千克喷雾。

纹枯病 1千克种子用25％粉锈宁可湿性粉剂4克或50％多菌灵可湿性粉剂7克加适量水后拌种均匀闷4～5小时，阴干后播种。

炭疽病 每667平方米用甲基托布津可湿性粉剂1500倍液60～75千克喷施。

蚜虫 高粱8～12叶当百株蚜置1万只时，用40％乐果乳油2000倍液喷雾。

穗斑螟 开花期、乳熟期每667平方米用50％杀螟威1500倍液或20％速灭杀丁乳油20毫升对水50千克喷雾。

注意事项

1 严禁使用敌百虫、敌敌畏、杀螟松、杀螟硫磷、磷胺、辛硫磷、甲胺磷等农药。

2 不宜连作，合理轮作。

3 常用化学除草剂与方法：①每667平方米用25％绿麦隆可湿性粉剂200～300克对水50千克均匀喷施土表。②每667平方米用25％绿麦隆可湿性粉剂150克加50％杀草丹乳油150毫升或60％丁草胺乳油50毫升对水50千克喷施土表。

大豆高产栽培技术

大豆是粮油兼用型作物。子粒中含蛋白质40%以上，含油率20%以上。精炼的豆油含不饱和脂肪酸高达85%左右，食用后能阻止人体内胆固醇的增加。湖南省大豆总产量不大，人均产豆仅5千克左右，存在明显的不足，且每年需调进80万吨作为饲料原料。因此，大力种植大豆，增加大豆产量非常重要。

栽培技术要点

1　选用品种

目前，湖南省生产上推广的主要品种是湘春豆系列品种和鄂豆4号等。

2　合理间套轮作

与大豆搭配种植的作物很多，模式各不相同。稻田种植的主要模式有春大豆—杂交晚稻、玉米间种大豆—杂交晚稻、早熟春大豆（菜用）—晚稻秧田—杂交晚稻；旱地主要有玉米间大豆和田埂种豆等形式。各地可根据实际，充分利用地力，增加大豆种植面积和产量。

3　整地

冬闲旱土来年准备种大豆的，在冬季翻耕或冬种蔬菜，在蔬菜收完后，播种前抢晴天翻耕，随即按2～3米宽分厢开沟，接着精细整地，开穴播种。稻田种春大豆的，在晚稻收获后应早翻耕，并开好围沟、腰沟，春季抢晴天再进行一犁两耙，按2～3米宽分厢，做到表土细碎，厢面子整，"三沟"相通。

4 精选种子

播种前将病斑粒、虫食粒、小粒、秕粒、破碎粒及混杂粒去掉，提高种子整齐度。每 667 平方米大田用种量一般早熟种 7.5～10 千克，中熟种 6.5～7.5 千克，迟熟种 5～6 千克。

5 适时早播，一播全苗

春大豆 3 月中旬至 4 月上旬播种（湘南偏早，湘北、湘西偏迟）为宜；夏大豆 5 月中旬至 6 月上旬播种为宜；秋大豆 7 月下旬至 8 月初播种为宜。

6 合理密植

湖南净种大豆合理密植的幅度大致为：春大豆早熟品种每 667 平方米 3 万～4 万株，中熟品种 2.5 万～9 万株，迟熟品种 2 万～2.5 万株，行距 33 厘米，株距 20 厘米。夏大豆早熟品种每 667 平方米 1.8 万～2.2 万株，中熟品种 1.2 万～1.5 万株。春大豆翻秋播种的，每 667 平方米 4 万～4.5 万株，行距 27～33 厘米，穴距 18～20 厘米。

7 合理施肥

基肥以农家有机肥为主，一般每 667 平方米施 400～500 千克，瘠薄地可加复合肥 10 千克，结合耕地时施入土层中。盖籽肥一般每 667 平方米用优质土杂肥 500～750 千克，加钙镁磷肥 25 千克，用人粪 4～5 担拌匀后堆沤 10 天以上，开堆摊干备用。播种后直接用土杂肥盖籽。追肥一般不需施用，如果土壤肥力不高的田块，可每 667 平方米追施尿素 5～7.5 千克，始花期时用尿素 100 克加磷酸二氢钾 50 克加水 50 千克喷雾。

8 移苗补缺，间苗定苗

大豆出苗后，如发现有缺苗、缺蔸现象，应及时就地移苗补栽，缺苗严重的话，要进行补种。当两片单叶全展时间苗，第三片复叶全展时定苗，每穴留2～3苗，确保基本苗，提高产量。

9　中耕除草

大豆播种后，当第一片复叶出现、子叶未落时进行第一次中耕。当苗高20厘米左右，搭叶未封行时进行第二次中耕。中耕时，结合培土追施肥料。

10　防渍抗旱

大豆即怕水渍，又需水多。当梅雨季节连降阴雨时，应疏通"三沟"，防止田间积水；当遇"火南风"天气连续高温干旱时，应灌水抗旱，灌水时以浸润沟灌为主，防止大水漫灌造成土壤板结和植株倒伏。

11　生化调控

生长正常或生长过旺的大豆，始花期用万分之二的多效唑液进行喷施，即可控制茎叶生长，又可提高产量。生长较差的大豆，每667平方米可用尿素0.5～0.75千克、磷酸二氢钾0.1～0.2千克对水50千克于始花期叶面喷施。

12　病虫防治

以农业防治为主。如发生病虫，应在当地农技部门具体指导下，适时进行药杀。

13　适时收获

当大豆叶片大部分脱落，基部荚呈草枯色，种子呈固有特色，手摇植株有响声时，抢晴天早晨露水干时收获。收获脱粒的大豆，切忌在水泥地面上暴晒，防止种子开裂。

绿豆高产栽培技术

绿豆富含人体需要的养分。子粒含蛋白质 20%~24%、脂肪 0.5%~1.5%、糖类 55%~65%，另外，所含矿物质及维生素丰富，是一种优良的蔬菜。同时，绿豆可加工成多种糕点、粉丝、粉皮等。随着人们生活水平的提高，对绿豆的需求量日益增加，应扩大种植，提高产量。

栽培技术要点

1 选用高产品种

一般可选豫绿 3 号、湖北"162"等，每 667 平方米产量可达 150 千克以上，且抗叶斑病，不早衰。春播全生育期仅 70 天左右。

2 合理间套作

绿豆具有早熟，对光照不敏感，耐荫蔽，植株矮，根瘤固氮增肥等特点，可与玉米；高粱、红薯等作物进行间作套种，可以充分利用土地，达到增收的目的；一般每 667 平方米可收获绿豆 40~50 千克。

3 整地

绿豆是深根系作物，子叶大，顶土能力较弱，根部共生有好气性根瘤。种植时，要选择质地疏松、有机质含量丰富、保水保肥性好、耕层 30 厘米以上的旱地或沙性稻田。整地时，要求深耕细耙，上虚下实，地平土碎。按 2 米宽分厢。

4 适时播种，合理密植

播种前选晴天中午，将精选的种子薄摊翻晒 1~2 天后，

用 25%多菌灵拌种（用量为种子量的 0.4%），或用钼酸铵
0.5 千克溶于 10 千克温水中拌种 100 千克（有利于根瘤菌固
氮）。当气温稳定通过 15℃时即可播种。春播一般在 4 月上
旬至 5 月上旬，夏播 5 月中下旬，秋播 7 月 25 日～8 月 5 日
为宜。播种方法可采用条播和穴播两种方式。净种保证每
667 平方米 1 万穴左右，间种 3000～3500 穴为宜，株行距为
20 厘米×30 厘米，每穴播 2～3 粒饱满种子，播种深度为 3
～4 厘米，每 667 平方米大田净种播量 1.5～2 千克，保证 2
万以上基本苗；间种的每 667 平方米保证 6000～8000 株基
本苗。播种出苗前，应及时用 50%乙草胺 100 毫升对水 50
千克喷施，封闭土壤灭草。

5　合理施肥

施肥原则：以有机肥为主，无机肥为辅，施足基肥，及
早追肥，花荚期叶面喷施。

结合大田耕翻，每 667 平方米用优质农家肥 1200～1500
千克或复合肥 25 千克作基肥。播种后每 667 平方米用拌有
钙镁磷肥 10～15 千克的土杂肥或灰粪土 250～300 千克盖
籽。分枝前后结合中耕，每 667 平方米用尿素 5 千克对水浇
施。初花期每 667 平方米用磷酸二氢钾 250 克加尿素 0.5 千
克对水 50 千克叶面喷施 1～2 次。

6　加强田间管理

绿豆播种出苗后，当第一复叶展开时间苗，第二复叶展
开后定苗，缺苗处要带土补栽。及时中耕除草，原则是：一
次浅（第一复叶展开时）、二次深（定苗后）、三次培土护根
（分枝期）。

7　及时防治病虫害

绿豆病虫主要有叶斑病、枯萎病、豆荚螟、绿豆蟆等。
可通过清沟捧水，降低田间湿度，或开花前（4～5 片复叶

时）用 50% 多菌灵 1000 倍液喷施 2～3 次，可防叶斑病。初花期至盛花期，用敌杀死 3000 倍液喷施防治豆荚螟。采用多菌灵拌种防治枯萎病。

8　适时分批采收

因绿豆花荚期长，结实不集中，成熟期参差不齐，为免裂荚和遇雨发芽、霉烂，大面积生产可分 2 次采收，小面积种植应随熟随采。采收后的豆荚经晒干脱粒和清选后随即入仓贮存。

马铃薯高产栽培技术

马铃薯是一种粮菜兼用作物，块茎中干物质含量 22％左右，含淀粉 10％～15％、蛋白质 1.6％～1.9％，含丰富的维生素 A、维生素 B、维生素 C。马铃薯在工业上可制淀粉、糊精、酒精、葡萄糖、涂料等产品，在食品加工业上用于制成冷冻、油炸和脱水制品。并且其块茎、茎叶可作绿肥、饲料，因此，是目前可大面积发展的一种增产潜力大的高产高效作物，一般每 667 平方米产量可达 1000～1500 千克以上，可增加产值 800～1500 元。

栽培技术要点

1 选用优良高产品种

目前在湖南推广的脱毒型品种主要有：东农 303、鄂马铃薯 1 号、鄂马铃薯 3 号、中薯 2 号、早大白、南中 552、克新 4 号等。

2 合理间套轮作

湖南省马铃薯与其他作物间套轮作，主要有两种模式：①薯稻连作。适应于丘陵区及中稻区。植株较为高大繁茂的品种，以 1 米宽为 1 垄（包一条沟）种双行，株距 33.3 厘米，每 667 平方米种 4000 株左右；植株比较矮小的品种（南中 552 等）可适当缩小株距，每 667 平方米种 4500 株左右。②旱地马铃薯/玉米/红薯。总播幅宽为 170 厘米，间套方式以一垄双行马铃薯、两行玉米为佳，马铃薯古幅 90 厘米（包一垄沟），双行间距 33 厘米，穴距 30 厘米；玉米占幅 80 厘米，双行间距 30 厘米，株距依品种而定，一般早中熟品种 20～25 厘米，迟熟品种 30 厘米。待玉米封行时，收挖马铃薯，栽插红薯。

3 选好地，施好肥

马铃薯适宜在表土疏松、排水良好、富含有机质的沙壤土上栽培。一般基肥以腐熟堆厩肥和人畜粪等有机肥为主，每 667 平方米用猪栏粪 1500 千克、钙镁磷肥 20 千克、草木灰 120～150 千克或火土灰，25～30 担拌和作为盖种肥，盖种后补盖 1 厘米左右的松土，保证芽尖不外露。出苗后用少量氮肥或清粪水追施芽苗肥。现蕾期结合培土，每 667 平方米追施尿素 15 千克、钾肥 10 千克作为结薯肥。开花以后一般不需再追肥，但个别后期有早衰脱肥现象的，则可叶面喷施磷钾肥。

4 备好种薯

无论是从外地调种或本地自留种，冬季播种时都必须进行催芽。播种前先将整种薯从脐部开始纵切成 20～30 克大小的切块，每个切块要有 1～2 个芽，而后与湿润沙土分层相间堆放，厚 3～4 层，并保持 20℃ 左右的最适温度和经常湿润状态，约经 10 天后即可发芽：单层排放的切块，幼芽长出土面变绿时即可播种。播种时切记不要把块茎上的芽碰掉。注意在切块时要选表皮光滑、大小适中、无病虫害、无冻伤的块茎作种薯，切块口一定要消毒。最好选用 25 克左右的小整薯作种，防病增产效果显著。

5 适时播种

马铃薯性喜凉温，不耐高温，生长期间以昼夜平均温度 17℃～21℃ 为最适宜。因此，根据湖南气候特点，高海拔地区必须在立春后播种，丘陵平湖区只能在 1 月中下旬播种，2 月底 3 月初出苗，以避开霜冻对幼苗的损害。若要提早上市，提前播种的马铃薯，在播种后要盖膜，霜冻来临前还要加盖稻草保温过冬。秋薯在9月上旬前后播种为宜。

稻田净种马铃薯，以1米宽为1垄（包一沟），种双行，中熟品种每667平方米播种3500株左右，早熟品种播种4500株左右。每667平方米用种量为150～180千克，进行穴播、覆肥土，播种深度以10～12厘米为宜。

6 加强田间管理

播种后，湖南省因雨水较多，土面容易板结，应进行松土，以利出苗。齐苗后，及早进行第一次中耕除草，深度8～10厘米；十天半个月后，进行第二次中耕，宜稍浅；现蕾时，进行第三次中耕，较上次更浅，并疏通畦沟，使结薯层不致积水，防止涝害。同时培厚结薯土层，避免薯块外露降低品质。秋薯播种到开花阶段，可实行行间稻草覆盖，以保持湿润和降低土温，有利结薯。发生病害时，可用50%多菌灵500～800倍液或1：1：150倍波尔多液喷施防治。

7 适时收挖，搞好留种与贮藏（略）

稻田免耕稻草全程覆盖种植马铃薯新技术

稻田免耕稻草全程覆盖种植马铃薯，有利于稻草还田，减少化肥用量，保护农业生态环境；有利于生产绿色（安全）食品。并且因改变传统栽培方法，省去了费工费力的翻耕整地、挖穴下种、中耕除草和挖薯等诸多工序，省工节本，简便易行。是一项提高产量与效益的实用轻型栽培技术。一般每 667 平方米鲜薯产量可达 1500 千克以上。

技术要点

1　种植季节安排

冬季一般在元月中下旬下种，5 月收获，后季栽插单季中稻。秋季在早中稻收获后，于 9 月 10 日前下种，11 月底霜冻后收获。

2　整地

选沙性较强的稻田免耕，按畦宽 1.8 米（包一沟）开挖丰产沟，沟深 15～18 厘米。挖出的土撒在畦面上，使畦面微呈弓背形（防积水）。一般小草和禾蔸不影响种植，若有大草可踩倒或锄去，不要使用除草剂。

3　种薯准备

选用东农 303、克新 4 号、中薯 3 号等早熟品种。种薯必须催芽，芽长 1 厘米左右为佳。最好选用 30 克左右的小种薯整薯播种。大薯种要切块，每个切块至少要有一个距切口 1 厘米以上的健壮芽。切块要用 50% 多菌灵可湿性粉剂 300～500 倍液浸泡一下，稍晾干后拌草木灰，隔日播种。

4　播种

每畦播 4～5 行，行距 30～40 厘米，株距 25 厘米，畦边各留 20 厘米。将种薯芽眼向上摆好，然后盖上 8～10 厘米厚的稻草。

5　施肥

用腐熟厩肥拌火土灰或煤灰、草木灰在播种时直接放在种薯上作基肥。或用复合肥代替，将肥料放在两株种薯中间，也可放在种薯旁边相隔 5 厘米以上距离处，防止烂种。

6　灌溉

一般情况下自然降水能满足所需水分。如新稻草吸水力弱，晴天时要由丰产沟适时适量灌水，水层宜浅（不使稻草漂移为度），并及时排水落干。稻草软化或腐烂后，如遇连续阴雨天气，要及时排水。

7　收获

稻田免耕稻草覆盖种植马铃薯，70％以上的薯块长在土面上，拨开稻草即可拣收。少数长在裂缝或孔隙中的薯块，也易挖掘。

花生地膜覆盖高产栽培技术

花生是优质油料作物。子仁含 50％油分和 30％左布的蛋白质，营养价值高。由于花生病虫为害轻，利于生产绿色、有机产品。加上近几年来，花生市场供不应求，因此，适度规模种植花生和通过经营加工增值，是提高农民收入的一项有效措施。

通过采用地膜覆盖种植花生，省工省力，防止鼠害和鸟害，减轻湿害、旱害、病害，有利于一播全苗；保持土壤疏松，有利于扎根和果针入土，提高产量。一般每 667 平方米产量可达 350 千克左右，高产田可达 500 千克，比露地花生增产 75～100 千克，增产率达 30％左右。

栽培技术要点

1 选用适宜地膜

花生是地上开花、地下结果作物，要求地膜宽厚度规格适宜、均匀、伸长率高、不碎裂、透明度高，且要保证有效果针顺利入土，控制高节位无效果针入土，提高饱果率。一般以宽度 140～200 厘米、厚度 0.005～0.009 毫米的微膜为宜。每 667 平方米大田用膜 4～5 千克。

2 品种选择

地膜花生对品种没有严格的选择要求，但为了发挥地膜的增产潜力，应选用适应性广、高产、抗逆性强、熟期适宜的品种。目前生产上推广的品种有湘花生 1 号、湘花生 4 号、中花 4 号、湘花 110、湘花 B、湘花 E 等，各地可因地制宜选用。

3 整地施肥

选择土层深厚、肥沃、疏松、排灌方便的沙壤性生荏旱土或稻田,冬前深耕(25～30厘米)晒垡,播种前分厢耙细整平。稻田要开好"三沟"。如以每667平方米大田生产350～400千克以上花生为目标,则需备农家肥2000千克或饼肥25～30千克、复合肥50千克、磷肥59千克、锌肥1千克、硼肥250～500克。施用方法是:将2/3的有机肥和复合肥结合耕地时全层深施,其余的肥料施于厢面后耙入表土层。注意:酸性土壤宜在开播种沟前每667平方米撒施熟石灰50千克(不与复合肥混合),碱性土壤可施石膏粉30～50千克。既可中和土壤,促进根瘤菌生物固氮,又可满足花生对钙素的需求。

4 分厢起垄,合理密植

如膜宽200厘米,厢宽可170～180厘米,沟宽20～30厘米。开播种沟条播或点播,播种沟向与行向垂直,行株距30厘米×17厘米,每行12蔸,每667平方米1.3万蔸,每蔸播2粒(并粒平放,便于地膜开孔),保证成苗2万～2.3万株。播后盖土3～5厘米。每667平方米大田用种15～17.5千克。

5 种子处理

播种前带壳晒种1～2天后剥壳,去掉霉变、破损、不饱满、有病斑和不正常的种仁,并做好发芽率试验(播种前10天取优质种仁200粒,用35℃温水浸1小时后在湿热沙床上发芽,要求发芽快而齐,发芽率不低于85%)。每667平方米大田按用种量用钼酸铵10克(用少量热水溶解)对清水1千克均匀拌种,晾干后,再用50%多菌灵50克或花生种衣剂拌种。花生新区提倡用根瘤菌拌种。

6 适时播种

珍珠豆型（中、小粒）花生品种，湘南宜在 2 月底至 3 月中旬播种，湘中在 3 月中旬前后播种，湘西、湘北在 3 月底至 4 月中旬播种（5 厘米土温稳定通过 12℃～13℃）。具体播期要根据当地中期天气预报抢"冷尾暖头"、雨后天晴时播种。同时，海拔每升降 100 米，播种期相应推迟或提早 2～3 天。

7 化学除草

播种盖籽后，每 667 平方米用 72％都尔（屠莠胺、丙异甲草胺）100 毫升对水 50 千克喷施厢面封闭化学除草。喷药后立即盖膜。

8 盖膜

盖膜时要求四周压牢不透风，膜紧贴地面无皱纹，膜上可轻撒些细土或细河沙，防止大风揭膜。当遇异常气温高时，可揭开膜两头（上午 10 点进行）至气温恢复正常后盖紧地膜。

9 加强田间管理

9.1 及时开孔放苗 花生顶土见绿时，及时开孔放苗，以防高温烧苗。方法是用手指或铁钩将幼苗上方地膜撕开一个 5 厘米大小的圆孔，待幼苗和侧枝伸出膜孔后，在膜上再撒细土或河沙使膜紧贴地面，防止膜内热浪灼伤幼苗和镇压杂草。

9.2 化学调控 花生始花后，搞好清沟沥水，促使花生稳健生长。落花至果针下扎期，每 667 平方米撒施 20～25 千克黑白粉（草木灰加石灰）补充钙钾营养。始花后 20～25 天，对叶色浓绿、叶片宽大、叶柄过长、植株高度达 35～40 厘米的生长过旺的花生，每 667 平方米可用 15％多效唑 15～20 克对水 50 千克喷施，以达到控高、促根、增产的目的。

9.3 叶面追肥 结荚壮籽期，每 667 平方米可用磷酸二氢钾 150～200 克对水 50 千克喷施，连喷 2～3 次（间隔 7 天），可养根保叶防早衰，提高产量。

9.4 防治病虫 地膜覆盖种植花生，一般不需施药防治病虫。如果有病虫发生，可在当地农技部门指导下采用相应农药进行防治。

10 适时收获

地膜覆盖种植花生，一般比露地栽培提早 15～20 天成熟，当上部叶片开始变黄，中部叶片开始脱落，荚果内壁变墨褐色时，表示花生已经成熟，必须抢晴天适时收获。

杂交油菜高产栽培技术

我国杂交油菜籽年加工量在 1300 万吨以上，而年产量仅 1000 万吨左右，缺口较大。因此，大力种植优质杂交油菜可增加农民收入，提高经济效益，种植杂交油菜，一般每 667 平方米可比普通油菜增产菜籽 20 千克以上，达到 130～180 千克。

栽培技术要点

1 品种选择

在湖南生态区可选择湘杂优 1 号、湘杂油 2 号等品种。

2 育苗移栽

2.1 苗床准备 选土质肥沃、地势平坦、接近水源的旱土或中稻田作苗床。苗床大小与大田种植比例为 1：5～1：7。选定苗床后，先将苗床翻耙 10～15 厘米深，然后整土开厢，厢宽 1.2～1.5 米，沟宽 30～35 厘米，沟深 15～20 厘米，并开好围沟、腰沟以利排渍。播种前结合施基肥将厢面土壤细碎、平整。每 667 平方米苗床用人畜粪 1000～1200 千克、过磷酸钙 20～25 千克、氯化钾 5 千克混合均匀并堆沤 7～10 天后施于厢面，可增施一些土杂肥疏松土壤，在整地时均匀地拌施于表土层。

2.2 播种育苗 湘北、湘西两热制地区迟熟品种于 9 月 5～10 日播种，中熟品种于 9 月 15 日前后播种，三熟制地区早、中熟品种于 9 月 20 日前后播种。湘中地区可推迟 3～5 天播种，湘南地区可推迟 7～10 天播种。每 667 平方米苗床播种 0.4～0.5 千克。播种时要按厢定量分种播匀。播种后浇施薄层猪粪水，并以盖籽灰盖种。

2.3 苗床管理 天气干旱时，每天傍晚浇施稀薄粪水抗旱保苗，出苗后坚持浇水抗旱，有条件的话可进行沟灌，灌至厢沟 2/3 处时停止进水，待厢面湿润后将余水排干。齐苗后要及时拔去丛生苗，幼苗长至 3 叶时进行定苗，每平方米留苗 120～140 株。定苗后每 667 平方米追施尿素 5 千克。3 叶期每 667 平方米要用 15％多效唑 50 克对水 50 千克喷施抑制高脚苗。间苗、定苗时一定要注意去小留大，除杂去劣。

2.4 壮苗移栽　当油菜长出 5～7 片真叶（苗龄 30～35 天）时，即可移栽。移栽期从 10 月中旬开始，湘北 10 月下旬，湘中 11 月 5 日前，湘南 11 月 10 日前移栽结束。稻田种油菜要翻耕 20 厘米以上，开厢宽度 1.5 米，厢沟、围沟宽 30 厘米、深 25 厘米，腰沟宽深各 25 厘米，做到沟沟相通。移栽方式最好采用宽窄行。稻田与旱土可采用宽行 40 厘米、窄行 20 厘米；棉田采用宽行 50 厘米、窄行 20 厘米，若采用等行种植，要宽行密株，一般行距 30 厘米，株距 15～20 厘米。移栽密度依土壤肥力而定，稻田与旱土肥地每 667 平方米栽 8500 株左右，中等肥力地栽 10000 株左右，瘦地栽 12000 株左右；高产棉田栽 7000 株左右。移栽时要施足基肥，一般基肥占总施肥量的 50％，且以有机肥为主，一般每 667 平方米可施土杂肥 2500～3000 千克、过磷酸钙 25 千克、硼砂 1～1.5 千克、氯化钾 10 千克。移栽时要注意取大苗，去小苗，淘汰落脚苗，当天起苗当天栽完，边栽边浇定根水。

3　田间管理

3.1　科学施肥　因杂交油菜生长势强，光合效率高，对肥力水平有较高要求。如中等肥力田块每 667 平方米要产菜籽 150～200 千克，则需施纯氮 12～16 千克。且磷、钾肥要配合施用，其用量约为需氮量的一半。施肥原则是：施足底肥、增施苗肥，早施腊肥、轻施苔肥。前两者占 60％～70％，后两者占 20％～30％。这样有利于培育冬前壮苗和开春早发，防止前期早衰或后期贪青。

3.2 加强管理 油菜移栽 7 天后，及时查苗补缺；活棵后及时中耕除草；尤其是板田栽油菜更要搞好中耕除草，一般进行 2～3 次，先浅后深，并与施肥结合进行。冬前中耕要培土壅蔸，增强抗冻抗倒能力。中耕后及时清理"三沟"，做到排水畅通，以减少湿害、病害、草害。如遇久旱无雨天气，要浇水或采用沟灌抗旱。对杂草较多的田块，在油菜 3 叶期时用盖草能或稳杀得乳油选晴天喷药进行化学除草。

3.3 防治病虫 以防治蚜虫、病毒病、菌核病为重点。防治蚜虫可选用抗蚜威、辛硫磷、氧化乐果等药剂。蚜虫防治住以后，可避免病毒病的发生。菌核病的防治以农业防治为主的综合防治办法，即合理轮作、排除积水、控制氮肥施用、防止旺长和贪青倒伏，苔花期及时摘除枯老黄叶、病叶，花期喷施多菌灵、甲基托布津、菌核净、速克灵等药剂可预防菌核病的发生。

3.4 适时收获 当全田 80％左右角果呈现淡黄色，主轴大部分角果呈黄色，种子呈固有颜色时进行收获。为减少落粒损失，最好选阴天或早晨、傍晚收割，就地摊晒 5～7 天后，抢晴天脱粒，单晒单收。

注意事项

1 必须到具有种子经营资格的单位购买合格的一代杂交种，切忌使用二代及以后代种子，否则会造成严重减产。

2 一定要施用硼肥，且用量比常规油菜要大，防止花而不实造成减产。

3 移栽后，如冬前生长过旺，可每 667 平方米用 15％烯效唑 50 克对水 50 千克喷施，促稳长防冻害。

4 采用直播种油菜，播种期可比育苗移栽的推迟 10～15 天，每 667 平方米大田用种量为 0.2～0.25 千克。具体管理措施与育苗移栽的基本相同，可在当地农技部门指导下进行。

果蔬药经济
作物生产

桃的优化栽培技术

桃树适应性强，耐旱耐瘠，适于丘陵山地栽培。桃树生长快，结果早，见效快。苗木定植后，2～3年开始结果，5年后可进入盛果期，一般每667平方米产量1500～2000千克。

栽培技术要点

1 选择优良品种

当前适合湖南栽培的鲜食桃树良种主要有水蜜桃品种群、油桃品种群及部分黄肉桃品种。

2 合理密植

按行株距4米×3.5米和4米×3米栽植，每667平方米栽48～56株。

3 施肥

3.1 基肥

基肥做到施早、施足、深施。最好在9～10月施用。早熟品种施全年施肥量的70%～80%，中熟、晚熟品种施50%～60%。基肥主要采用有机肥为主，如堆肥、厩肥、人粪尿、饼肥等。一般采用沟施法。沟施深度为20～40厘米。幼树以环状沟施，成年树用放射状沟施。

3.2 追肥

一般用尿素、硫酸钾、过磷酸钙、人粪尿等速效性肥料。采用放射沟法、环沟法、条沟法或穴施法均可，深度约20厘米，以浅施为宜。根据桃树各个生长发育时期分次进行。①萌芽前追肥：补充树体贮藏营养的不足，促进开花整齐，提高着果率。②谢花后 15 天内追肥：补充花期营养消耗，减轻生理落果。③壮果肥：约在 5 月中旬进行，促进果实发育，这是桃树丰产的关键。④采果肥：又叫补肥。早、中熟品种多在采果后施用，晚熟品种一般在采果前施用。

3.3 根外追肥

即将化学肥料的水溶液喷施在桃树叶片等部位上，以补充桃树营养不足。常用的方法是尿素 0.3％～5％，过磷酸钙浸出液 0.5％～1％，磷酸二氢钾 0.3％～0.4％，硼砂或硼酸 0.1％～0.5％等。

4 整形修剪

4.1 整形

采用自然开心形。一年生苗木离地 60～70 厘米处短截定干，在主干上选留 3 个主枝，主枝与主干角度为 45°～60°，各主枝逐年向外延伸，在主枝两侧分层配置 2～3 个侧枝，注意在主、侧枝的不同方位上，培养大小不一的结果枝，以增加结果面积，树冠高度保持在 4 米左右。

4.2 修剪

幼树结合整形疏剪无用的徒长枝、下垂枝、细弱枝、竞争枝，运用拉、撑使主枝与主干角度达 45°～60°。主枝及主枝延长枝的剪留量控制在 50 厘米左右。夏季修剪时，除利用主枝延长枝顶端的二次梢扩大树冠外，对其他生长旺盛的二次梢应及时摘心或扭梢，促使形成花芽，转化为结果枝。盛果树修剪：疏剪过密枝、重叠枝、纤弱枝、徒长枝；长果枝剪留花芽 7～8 节，中果枝剪留 4～5 节，短果枝剪留 2～3 节，徒长性果枝剪留 8～10 节，花束状果枝不剪；预备枝剪留量依品种、树龄、树势而定，一般剪留量占总果枝数的 20％～30％，衰老树则可增至 50％以上。

5　疏果与套袋

桃结果过多，果小、品质差，必须疏除一部分。人工疏果在幼果拇指大小时进行。一般长果枝留 4～5 果，中果枝留 2～3 果，短果枝留 1 果。化学疏果一般用石硫合剂 30～50 倍液，在花开 80％左右时喷第 1 次，4 日后再喷 1 次。套袋一般在稳果后进行，材料可用旧报纸或专用袋膜，套后将上部系于果枝上，切忌束在果柄上。

6　病虫防治

在花芽露红时，喷施氧化乐果 1000 倍液，谢花后喷施灭扫利 3000 倍液防治桃蚜、红蜘蛛。5 月上旬挂糖罐（糖：醋：水＝1：0.5：10）诱杀桃蛀螟成虫。萌芽前喷 1 次 3 波美度石硫合剂，生长期使用 65％代森锌 400～500 倍液或 70％甲基托布津 800～1000 倍液防治疮痂病、炭疽病、流胶病等。

7　采收

加工用八成熟，鲜食上市九成熟为采收适期。避免机械损伤。

奈李的优化栽培技术

奈李色泽艳丽，风味优美，口感爽甜，具有浓郁的桃香李味。奈李富含糖分、维生素 C 及钙、镁、磷等，能清热、利尿、消积食、开胃健脾。除鲜食外，亦可制罐、做奈干、蜜饯、果酒等。亦可作园林观赏植物。

栽培技术要点

1　选择优良品种

当前适宜栽培的主要有花奈、江西奈等红皮细肉类品种和油奈、青奈、水柳奈、新选优株 91001 等黄皮黄肉类品种。

2　栽植

瘠薄山地行株距 4 米×（3～3.5）米，每 667 平方米栽 46～63 株；肥沃平地行株距 4 米×4 米，每 667 平方米栽 41 株。栽植时间以 11 月落叶后为佳。栽植穴深宽各 1 米，填入土杂肥，对根蘖苗或李砧嫁接苗可按苗圃深度栽植，毛桃砧嫁接苗以嫁接口与地面平齐为准。然后，堆土掩埋嫁接部位，促发生不定根，形成自生根系。注意在栽植时按 8：1 配置授粉树。

3　土肥管理

幼树行间以间作豆类及蔬菜为宜。施肥按产奈李 1500千克计算，需纯氮 2.27 千克、磷 0.1 千克、钾 5.12 千克。共施肥 3 次：采果肥、花前肥、壮果肥。

4　整形修剪

采用自然开心形。栽植后幼树定主干高 80 厘米。在春季发出的枝条中，选留 3～4 个生长健壮、分布均匀、基部角度约 40°的作主枝，其余均可抹去。冬季将各主枝均剪去顶端发生的二次枝长度的 2/5，第 3 年春季在主枝上按 50～60 厘米距离留副主枝。副主枝应交错排列在主枝的两侧，其余嫩梢与副主枝有竞争生长趋势的，酌情摘心或抹除。当年冬季修剪时，除主枝延长枝短截 2/5 外，副主枝则不加修剪，任其抽生弱枝演化为结果枝。

成年挂果树的修剪：短截主枝延长枝的 2/5，利用剪口芽向外扩展树冠，早春萌芽及时疏抹树冠外围过密芽，夏季、冬季疏去过密枝。生长较旺的生长枝和长果枝，不加修剪，任其加长生长后，基部萌发弱枝为花束或短果枝。树冠基部抽生的徒长枝及时疏去，连续结果 3～5 年又生长衰弱的结果枝组，可在基部隐芽处短截，促发新梢，更新枝组。树冠内部骨干枝衰老时，可采用短截更新。

5　疏果及套袋

5.1　疏果

谢花后能分辨出大小果时进行第 1 次疏果，第 2 次疏果在硬核前进行。极丰产品种疏去全树果量的 50%，丰产品种疏 30%～40%。留果按果枝类型，特长果枝留 3～4 个，长果枝留 2～3 个，中果枝留 1～2 个，健壮短果枝留 1 个。疏去小型果、畸形果、过密果、病虫果。

5.2　套袋

4 月下旬至 5 月上旬果核开始硬化时进行套袋。材料用旧报纸或者专用袋膜，捆缚用纤维绳将袋口束合于果枝上，勿束在果柄上，一人一天可套 1500～3000 个。先套冠内、冠下果，再套冠外果。采果前 15～20 天除袋，并适量摘叶透光以提高着色度。除袋后喷 1 次对果面无污染、无刺激的防病药剂加以保护。

6　病虫防治

3月上旬用70％甲基托布津1000倍液或代森锌500倍液防治缩叶病及穿孔病，并用90％敌敌畏1000倍液防治蚜虫，隔10～15天再喷1次。4月上中旬用40％多菌灵600倍液或50％托布津1000倍液防治褐腐病、锈病。结合治病用90％敌敌畏1000倍液或2.5％敌杀死2500倍液防治梨小食心虫、红颈天牛、李尺蠖。5月上中旬至6月上中旬用2.5％敌杀死2500倍液防治桃蛀螟、一点叶蝉、桑白蚧、梨小食心虫。

7　采收

加工用八成熟、鲜食上市九成熟为采收适期。城镇近郊应分批采收，延长鲜果供应期。避免机械损伤。

枇杷优化丰产栽培技术

枇杷是我国南方特有的珍稀时鲜水果。枇杷每年春末夏初成熟，此时是一年中最缺时鲜水果的季节，它一上市就成为紧俏商品，因此大有发展前途。枇杷果实外形优美，色泽艳丽，果肉柔软多汁，酸甜适度，味道鲜美，富含人体所需的多种营养成分。优良品种可食率达65%～75%。果汁含可溶性固形物8%～19%。100克果肉含蛋白质0.4克、脂肪0.1克、糖类7克、粗纤维0.8克、灰分0.5克、钙22毫克、磷32毫克、铁0.3毫克、胡萝卜素1.33毫克、维生素C3毫克。果实是润肺、止咳、健胃和清热良药，叶可镇咳、利尿。因四季常青，亦可作为园林绿化用植物。

主要优良品种简介

大红袍　6月上中旬成熟。单果重39克，最大70克以上，大小整齐，果正圆或扁圆形，果面浓橙红色，果粉厚，茸毛长，果皮韧而厚，易剥。果肉厚、橙黄色，质粗但致密，汁液中等，甜多酸少，味浓，含可溶性固形物12.8%，可食率72.9%。外观美，丰产，抗逆性强，耐贮运。

夹脚　6月上中旬成熟。果大，歪斜卵形或椭圆形，单果重33克，最大44克。果面麦秆黄色，果肉厚，淡橙红色，肉细，汁极多，味浓，风味酸多甜少或甜酸适度，含可溶性固形物11.5%，可食率75.4%。丰产，抗逆性强。

光荣　5月中旬成熟。果多为倒卵形，果顶微凹，基部圆形，单果重45克，最大80克以上，果面橙黄色，斑点明显，茸毛少。果皮厚、强韧、易剥；果肉橙黄色，肉厚，肉质柔软多汁，味甜而微酸，有微香，含可溶性固形物11%。本品种果型大，色泽艳丽，品质好，适于鲜食和加工。

牛腿白沙　5月底成熟。果实卵圆形或圆形，单果重24.6克，最大38.4克，果面浓橙黄色，质柔软，消融，含可溶性固形物9%，可食率65.2%。

沅江红沙枇杷　5月中旬成熟。果实梨形，单果重28.2克，果面淡橙红色，果肉浓橙黄色，质柔软，有香气，含可溶性固形物9.6%。

栽培技术要点

1　优质壮苗移栽

要求苗木无病虫、叶浓绿、根发达、嫁接口粗度1厘米以上，嫁接口以上高度在30厘米以上，带分枝。配植授粉树，每园栽2～3个不同品种，2/3主栽种，1/3授粉品种，株行距采用先密后疏，前期2米×3米，每667平方米栽111株，10年后疏为4米×6米，每667平方米28株；或2米×3.5米，每667平方米栽95株，5～6年后疏为4米×6米，667平方米栽48株；或2.5米×3.5米，每667平方米栽76株，7～8年后疏为5米×3.5米，每667平方米38株。不同地势、肥力，采用不同密度。移栽时间以2月上旬至3月中旬为宜。不带土移栽根系应灌泥浆，浇足定根水。栽后剪去部分叶片，遇干旱时每2～3天浇一次水。栽后20～30天，新根萌发时，泼施10%左右的腐熟人粪尿，7～10天后再泼施一次。

2　深翻改土，增施有机肥

幼树期逐年在树冠周围不同部位每株挖穴1～2个，穴长70～100厘米、宽40～50厘米、深50～60厘米，用人畜粪 10～20 千克、绿肥或杂草 20～30 千克、草木灰及过磷酸钙 0.5～1 千克、石灰 0.5～1 千克与表土拌匀翻入穴中。注意粗肥铺底，精肥盖面，上盖底土。

3 高温覆草，低温盖膜

覆草 15～20 厘米，以后逐年减少，覆草应在深翻后进行，覆草 3～4 年后清耕 2 年，相间进行。盖膜时间从 11 月至竖年 6 月中旬。

4 整形修剪

整形　采用分层形，留主干 40～60 厘米，留 3～4 层，层间距离 50～80 厘米，每层留 3～4 个主枝，3～4 层形成树冠。修剪：删除过密枝、枯枝和徒长枝。

5 疏花疏果及套袋

疏花穗　在 9 月底 10 月初进行，疏长结果母枝上花穗，留短结果母枝花穗，保留叶片，用剪刀从基部剪，切忌拉扯。

疏花蕾　方法有 4 种。①疏花穗中上部，留基部 2～4 个轴。②摘除顶部和基部支轴，留中部 3～4 个轴。③摘除上部支轴，基部留 3～4 个支轴，并摘除留下的支轴先端。留 1～3 个支轴，每穗留 30～40 朵花蕾。④用 10～20 毫克/升的萘乙酸喷洒，前提是幼果发育到需要的数量。

疏果　以 3 月中下旬为宜。先疏病虫果、畸形果、冻伤果，再疏小果、过密果。大果品种每穗留 2～3 个果，中果 4～6 个，小果 7～10 个。

套袋　用旧报纸按大小 30 厘米×20 厘米做袋，顶两角剪开，以利通气观察。套袋宜从树顶开始，袋可用细绳扎住或用回形针夹，套时务必使袋内鼓起，防纸袋直接与果接触。大果、果梗长的一果一袋套。套袋时间在最后一次疏果完毕、病虫害发生前进行。

6　施肥

采果肥　采果前 7～10 天进行，占全年施肥量的 50％～60％。

花前肥　9～10 月以有机肥为主，占全年的 20％～30％。

春肥　3 月底 4 月初，疏果后，以速效肥为主。果少、春梢多者不施。

壮果肥　4 月以速效肥为主，钾肥少施。

7　病虫防治

用甲基托布津、多菌灵、代森锌等防治叶斑病、炭叶病、污叶病、赤锈病、癌肿病、枝干腐烂病等。用溴氰菊酯、敌敌畏、二溴磷等防治枇杷瘤蛾、蓑蛾类、刺蛾类、舟形毛虫、毒蛾、天牛类、桃蛀螟、梨小食心虫等。

8　采收

分批采收，轻拉轻放，防伤茸毛、蜡粉脱落、果皮受伤。常温下可贮存 15～20 天。

杨梅优质高产栽培技术

杨梅是我国特产果树之一，正值水果淡季时上市，且有食用、药用、观赏等多种功能。其果实色泽艳丽，甜酸适口，富含维生素，具有生津止咳、助消化、治霍乱等功效。除生食外，可制糖水罐头、果酱、果汁、果酒、蜜饯，也可盐渍。

栽培技术要点

1 选用优良品种

目前适宜湖南省栽培的品种有东魁、木洞、叶里青、桃梅、猪肝梅、胭脂梅、中脂梅、南高等红梅类和细叶青、鹅素、大核青、木瓜梅、鸭飞梅、桐梅等青梅类。

2 栽植

杨梅性喜温暖、较耐寒；梅园应选择背风向阳、排水良好的酸性土壤。栽植密度在土层深厚肥沃的平地或坡地，可按行株距 5 米×4 米，每 667 平方米栽 33 株；土壤瘠薄的山地，可按 4 米×3 米，每 667 平方米栽 55 株。栽前，先挖 1 米见方的空植穴，底层施入土杂肥、垃圾肥、蒿秆、绿肥等粗肥，上层每株施腐熟有机肥 50～100 千克，并拌入磷肥，与肥土混合后，然后覆土栽树，栽植时期以正常落叶后及早定植为宜。杨梅为雌、雄异株，种植杨梅时要配套授粉树，雌、雄比例为 500∶1～1000∶1。也可在雌株上高接雄枝。有野生杨梅的地方，可不配雄株。

3 施肥

种植当年 8 月每株施尿素 50 克、硫酸钾 40 克，或稀薄人粪尿 2～3 千克。10～11 月每株施饼肥 0.5～1 千克，或复合肥 0.25 千克和草木灰 0.5～1 千克。种植后第 2～第 3 年，5～6 月每株施复合肥 0.25～1 千克，10～11 月每株施饼肥 0.8～1.2 千克和草木灰 1～1.5 千克，或复合肥 0.5～1.5 千克。第 4～第 5 年开始结果后增加施肥量，5～6 月株施过磷酸钙 0.2 千克、氯化钾 1～1.5 千克，或复合肥 1～1.5 千克，或饼肥 1.5 千克。10～11 月每株施饼肥 3～4 千克，或复合肥 1.5 千克，外加草木灰 2.5 千克。成年稳产树每年施肥 3～4 次，即 2～3 月株施尿素 0.3～0.5 千克作花前肥。5 月下旬每株施复合肥 0.5～1 千克作壮果肥。6～7 月每株施尿素 0.5 千克、氯化钾 2.5～3 千克、磷肥 0.5 千克作采果肥，采果肥可 3～4 年施一次。10～11 月结合土壤深翻株施厩肥 25～30 千克。

4 整形修剪

4.1 整形

采用自然开心形。

4.2 修剪

为培养短枝结果，冬季修剪时，除幼树整形对主枝、副主枝的延长枝剪留 50～60 厘米外，一般营养枝均采取轻剪长放和先放后缩的方法，剪去先端 1/4～1/3（留长不超过 30 厘米）。徒长枝可适当长留 100 厘米，使其多抽生短枝，待结果 3～5 年后再在基部约 10 厘米处短截回缩更新，如树冠空间较大，亦可先截后放，留 30～40 厘米重截营养枝或徒长枝，促进分枝，再行轻剪，培养结果枝组。

5 病虫防治

杨梅的病虫害主要有褐斑病、溃疡病、吸果夜蛾。褐斑病为害叶片，可在果实采收前1个月（约5月中旬）每隔10天左右和采果后各喷1次70%防褐灵800倍液，或70%甲基托布津可湿性粉剂700倍液，或65%代森锌600倍液。溃疡病又叫杨梅疮或癌肿病，主要为害枝干，3～4月用刀割除癌瘤，再涂上80%的"402"抗菌剂50倍液，或硫酸铜100倍液。吸果夜蛾年发生4代，成虫于5月下旬～6月上旬为害果实，可利用成虫趋光性点灯诱杀。

葡萄优化栽培技术

葡萄味甜可口，营养丰富。富含葡萄糖和果糖，含有一定的蛋白质及丰富的钾、钙、钠、磷、锰等，含多种维生素和氨基酸。男女老少皆宜，已成为世界第二大水果。

栽培技术要点

1 选用优良品种

当前生产上推广的葡萄良种主要有红地球葡萄、巨峰、黑奥林、红富士、滕稔等。

2 合理栽植

葡萄在秋季落叶后至竖年早春树液流动前均可栽种，其栽植密度因品种、搭架而定，采用篱架的密度为：株行距为（1.5～2）米×（2.5～3）米，每 667 平方米栽 110～178 株；采用棚架的密度为：株行距（1～1.5）米×（4～6）米，每 667 平方米栽 74～166 株。

3 搭好架

3.1 单臂篱架 适合大面积葡萄园。沿葡萄行每隔6～8 米设一支柱，支柱用水泥、钢筋制成，全长 2.8 米，基部为 12 厘米见方，项部为 10 厘米粗，并在离基部端点 110 厘米、160 厘米、210 厘米、260 厘米处分别留有可穿过 12～13 号铁丝的小孔，先将支柱按上述距离埋入土内 50 厘米固定，再用 4 道铁丝平行穿入支柱上的 4 个小孔拉直即成。

3.2 双臂篱架 仅适合小型葡萄园用。在葡萄行植株两侧，各立一排篱架，两行篱架的间距，基部为 50～60 厘

米，顶部为 80～120 厘米，视行的宽度而定。其他与单臂篱架相同。枝蔓分别绑在两侧的篱架上，

3.3 丁字形篱架 在单行支柱顶端，设 80～160 厘米的横杆，有的在支柱上只拉一道铁丝，在横杆拉 2 道或 4 道铁丝。

3.4 棚架 有水平大棚架、倾斜架和篱棚架三种，适于生长较旺的品种。

4 科学施肥

每生产 100 千克葡萄，一年中需施纯氮 0.5～1.5 千克、磷 0.4～0.5 千克、钾 0.25～1.25 千克。全年施肥 3～4 次，即落叶后施肥占全年施肥量的 60%，开花前、后和采果后各追肥 1 次。浆果开始着色时，果实迅速膨大，如遇夏旱，应增施肥水 1 次。

5 搞好整形修剪

5.1 整形 篱架采用自然扇形。苗木离地 40 厘米短截，选留 3～5 个健壮新梢作主蔓，使之在架面呈扇形分布，一般不留分蔓、侧枝，以利通风透光。丁字架培养 1.2～1.8 米的主干，再选留 3～5 个健壮主蔓。棚架采用多主蔓自然形，在主蔓上配置分蔓和侧蔓，以形成较多结果枝。

5.2 修剪 冬季选留结果母枝的三种方法：一是短梢修剪，即结果母枝只留 2～3 个芽短截；二是留 4～6 个芽短截称中梢修剪；三是留 7～12 个芽短截叫长梢修剪。篱架以中、短梢修剪为主，棚架以中、长梢修剪为主。生长中等；结果率高的品种，宜以中、短梢修剪为主，反之则以中、长梢修剪为主。选留结果母枝数应根据计划产量而定，如计划每 667 平方米产 1500 千克，应留结果母枝 2000 个，每 667 平方米栽 100 株，则每株留结果母枝 20 个。

生长时期修剪 ①抹芽、定梢。萌芽时，抹去弱芽和老

蔓上无用的隐芽，同时萌发三生芽或双生芽时，只留一个主芽。当新梢长 10～20 厘米，能分辨花序生育情况时，去掉无花枝和发育不良的结果枝。②新梢摘心。开花前 3～4 天至始花期进行，果穗下方萌发的副梢应及时抹去，果穗上方的副梢，可留 1 叶摘心，以免消耗养分。③疏花序。在花前或开花时，掐去花序的 1/5～1/4，提高坐果率，使果粒整齐、果穗紧密。④引绑。将新梢均匀引绑在架面上。

6 套袋

葡萄套袋既可以减轻病、虫、鸟为害，又可减少农药污染，从而提高果品品质，提高栽培效益。具体做法是：将旧报纸折叠成长 27 厘米、宽 18 厘米的长筒形，开边用钉书机钉好，于 5 月中下旬葡萄颗粒长至黄豆粒大时，喷 1 次百菌清 800 倍液或托布津 800 倍液作保护剂，待药水干后，将纸筒套上果穗，上部用 225 号细铁丝扎于主穗梗上，纸筒下部让其开口。或者用专用袋膜，规格与上相同，上部系紧，下部用剪刀开口，以利通风排湿。

7 防治病虫害

葡萄展叶后到果实着色前隔 10～15 天重点防治黑痘病，兼治穗轴褐枯病、灰霉病、炭疽病、白粉病、根腐病、根结线虫病、扇叶病等；开始成熟时每 15 天 1 次，连喷 2～4 次重防霜霉病，兼治其他。所用药剂为 1：0.5：200 波尔多液或 65％代森锌 500～600 倍液或 75％百菌清 600 倍液或 50％退菌特 800～1000 倍液喷雾。葡萄十星叶甲、螨类的防治用73％克螨特 2000～3000 倍液、50％敌敌畏 1000～1500 倍液或 75％辛硫磷 1500～2000 倍液喷雾，也可兼治叶蝉、天蛾、蓟马、吸果夜蛾、虎天牛等虫害。

8 适期采收

鲜食一般在花后 120 天左右采收，采收前 15 天应整理果穗，去掉病果、日灼果、小穗、小粒，使穗大小均匀，着粒整齐，成熟一致。采果应选晴天上午 8～11 时，下午 3～6时进行。

猕猴桃优化栽培技术

猕猴桃因其营养丰富而风靡全球，被誉为"果中之王"。果实富含维生素 C，100 克果肉含维生素 C 100～420 毫克，含糖约 10%，含酸 1.5%，还含维生素 P、解元酶和多种氨基酸以及钾、钠、钙、镁、磷和铁等元素。味酸甜、有香味。除鲜食外，可制成果汁、果酱、果干、果脯、果酒、糖水罐头和猕猴桃晶等。其根、茎、叶入药，可清热利尿、散瘀止血。亦可作为庭院观赏植物。

栽培技术要点

1 选择优良品种

目前适宜湖南省栽培的优良品种主要有米良一号、湘沅 81—1、湘 80—2 等。

2 搭架

2.1 篱架 全高 2.8 米，埋 0.8 米，架高 2 米，柱上共拉铁丝 3 道，第一道距地面 60 厘米，第二道距第一道 70 厘米，第三道拉于柱顶。可使用竹、木、水泥柱。

2.2 平顶大棚架 全高 2.3～2.8 米，埋 0.5～0.8 米，架高 1.8～2 米，立柱间距 5 米×5 米。铁丝纵横交错拉柱顶，四周立柱要粗，最好用三角铁或钢筋，以利在柱与柱之间架面上每隔 0.6 米拉一根铁丝，能拉紧成网络状。

2.3 T 形小棚架 柱高 2.8 米，埋 0.8 米，地上高 2 米，其横梁长 2.5～3 米，均匀拉铁丝 3～5 根，横梁常用三角铁（6 米×6 厘米）或钢筋及直径 10 厘米左右的竹、木。

3 定植

3.1 密度 单篱架山地株行距（2～3）米×（3～4）米，每667平方米栽56～110株；平地株行距（3～4）米×（4～5）米，每667平方米栽33～56株。平顶大棚架山地4米×（4～5）米，每667平方米栽33～41株；平地5米×（5～6）米，每667平方米栽22～27株。T形小棚架山地4米×（4～5）米，每667平方米栽33～41株；平地（4～5）米×（5～6）米，每667平方米栽22～33株。

3.2 雌雄配置 猕猴桃属雌雄异株，栽植时雌雄株比例为8∶1，也可采用基部、腹部高接雄株，代替授粉树。

3.3 栽植时间 2月下旬至3月上中旬，萌芽前15天左右栽植为宜。

3.4 定植方法 定植穴100厘米见方、深60厘米以上，施足基肥，然后移栽，栽后浇足定根水。

4 施肥

全年共施肥4次，基肥1次，追肥3次。每株施氮500～650克、磷135～200克、钾265～335克、镁25克较为合适。

5 整形修剪

多采用单干整形。把苗栽于两支柱之间，选留2～3个饱满腋芽，实行截干处理，萌发的新梢留1个粗壮新梢，旁插立一竹竿，固定缚引，防缠绕，促迅速向上生长；达到架面时对强壮新梢摘心，迫使在新梢上部萌发出2～3个枝蔓选为永久性主蔓。根据棚架类型定走向，主蔓每隔50厘米左右选留1个结果母枝，在结果母枝上约30厘米再选留一些结果枝。结果枝、结果母枝每3年左右进行一次更新。多余枝条一律从基部剪除。栽培条件好时，在主干上或永久性主蔓或结果母枝上可少量地选留一些生长充实、位置得当的枝条作结果母枝后备枝，以备更新或结果。从初夏开始至

7~8月止，初步整形后基部不断发生的萌芽应及早抹除：永久性主蔓或结果母枝上萌发的徒长性枝，除留作预备枝外，一律从基部剪除：预备枝1米左右即早摘心，促生长充实。适当疏除过密的、衰弱的、有折损的结果母枝外，对节间短的结果母枝所萌发的结果枝，根据着生部位、占据空间情况给予疏除。对生长不充实，次年不能形成结果枝的，无论部位是否恰当，其徒长枝和中、短发育枝，都一律从基部剪除。对已打顶的后备结果枝一般半月左右发两次、三次枝，留3~4叶摘心，但摘心不迟于8月中旬。对结果枝背下的结果枝，若结果过多、下垂接近地面、生长势弱、有碍通风透光、果实又易沾泥沙，可酌情疏除。冬季从11月至竖年2月中旬，毫无保留疏除各部位的细弱枝、病虫枝、枯死枝、过密枝、交叉枝、重叠枝及无利用价值的根蘖枝和生长不充实、无培养前途的发育枝，对已结果3年的母枝酌情更新，其基部结果枝或发育枝有生长充实健壮、腋芽饱满的，可将该母枝回缩到健壮部位。整个母枝弱，且上面结果枝亦弱，从基部剪除。更新枝留5~8芽短截。位置好的结果枝在结果部位以上留2个芽，让其萌发成结果枝开花结果；长果枝和中果枝剪留2~3芽，短果枝和短缩果枝一般不剪，修剪时注意在藤蔓缠绕之前予以摘心短截，剪截时在剪口芽上部留3~4厘米残桩。冬季修剪应在伤流前1个月进行。夏季修剪应以抹芽、摘心为主，减少剪截伤口。

6 病虫防治

主要虫害为椰园蚧，为害叶片背面，可致枝节、蔓枯死，若虫盛发期用48％毒死蜱800倍液或25％蚧死净1000~1500倍液或40％速扑杀800~1000倍液喷雾。用多菌灵、退菌特、代森锌、甲基托布津等防治花腐病、褐腐病、腐烂病、灰霉病等。

7　采收

适期采收，果形大，风味好，营养多，耐贮藏。一般在 9 月中旬至 10 月上中旬采收为宜，最迟不超过 10 月底。在无风晴天采果，应分期采收。催熟：猕猴桃刚收获，果实仍坚硬，味涩而酸辣无香气，经 4～10 天后熟期才能食用。用 500 毫克/升的乙烯利浸渍数分钟，沥干后贮存可提早后熟。少量果可放入缸内，喷点好酒密封起来，或同梨混装在塑料袋内亦可提早后熟食用。常温（15℃～18℃）下可贮藏 1 个月左右。

草莓高产栽培技术

草莓是一种营养丰富的水果。草莓生产上使用的苗木，主要是通过匍匐茎无性繁殖而来的。草莓可在幼年果园内栽培，提高土地利用率。

栽培技术要点

1 茬口安排

栽培一季草莓，茬口安排为上茬草莓下茬蔬菜，蔬菜品种以西红柿、黄豆、豆角为好。

2 品种选择

当前主要推广的草莓品种主要有美国明星，荷兰戈雷拉、日本宝交早生、春香、西班牙杜克拉及我国长虹等，一般每 667 平方米产量 1500～2000 千克。

3 培育种苗

培育草莓种苗的方法有老株分株法、种子繁殖法、匍匐茎分株法和组织培养法 4 种。目前生产上使用的是匍匐茎分株法，其具体操作方法是：

①建立母本园 选用品种纯正、无病虫害的优质母株建立母本园，即匍匐茎分株繁殖园。

②母株定植 4 月上中旬栽植母株，每畦栽 1 行母株，株距 50～60 厘米，每 667 平方米定植母株 700～900 株。

③栽植后管理 6～7 月匍匐茎抽生数量不断增加，母株需肥量也不断增加，每 2～3 周进行一次根外追肥，喷 0.2% 尿素水溶液 2～4 次。8 月叶面喷 0.2%～0.3% 磷酸二

氢钾 1 次。同时，及时摘除母株花序。母株抽生匍匐茎时，要及时引压匍匐茎，向有生长位置的畦面引导抽生匍匐茎。当匍匐茎抽生幼叶时，前端用少量细土压向地面，使生长点外露，促进发根。进入 8 月以后，匍匐茎子苗布满床面时，要及时除去多余的匍匐茎。一般每棵母株保留 70～80 个匍匐茎，多余未着地的去掉。9～10 月即可定植于大田。

4　整地定植

4.1　整地

栽植前 5～7 天整地。结合整地，每 667 平方米施优质农家肥 4000～5000 千克，或三元复合肥 100 千克。畦面宽 50～60 厘米，沟宽 20～30 厘米。畦面采用南北向，浇足水，利于定植苗成活。

4.2　定植时间

以 8～10 月上中旬为宜。

4.3　栽植密度

通常在好的畦上栽双行，穴距 25～30 厘米，每 667 平方米栽 4000～5000 穴，每穴栽 2～3 株，保证栽苗 8000～10000 株。

4.4　栽植方法

先盖地膜，并将四周压严，再在畦上按栽植密度破膜挖穴。将苗木舒展根系，培细土，使秧苗新茎基部与床面平齐，浇定根水。也可在栽植后盖地膜。

5　田间管理

5.1　除草浇水

草莓栽培的主要管理是浇水，前期宜在上午进行。浇水不要过勤，而要一次浇透。发现杂草及时铲除即可。

5.2　植株管理

草莓栽植成活后的管理主要有三项内容：一是除匍匐

茎。草莓成活后进入生长发育期，植株易抽生葡匐茎，要做到随见随除。二是除枯叶、弱芽，以集中营养促进结果。三是开花前疏除多余的花蕾。

5.3 追肥

发芽前后每 667 平方米用复合肥 15~20 千克追肥 1 次；开花结果期和每采收一批草莓后各追肥一次，每 667 平方米用尿素 10~20 千克；发芽后到果实成熟期喷施 0.3％磷酸二氢钾 2~3 次。

5.4 追施二氧化碳气肥

在草莓返青后，每 667 平方米施全福多元素固体颗粒气肥 15~20 千克，连续释施二氧化碳 40 天左右，浓度为 500~1000 毫克/千克。施用方法采用沟施或穴施。

5.5 病虫防治

大棚草莓发生的病虫害很少，主要有灰霉病、根腐病、蝼蛄、蚂蚁和蚜虫等，要及时搞好防治。

5.6 适时采收

花后 30 天左右，果实转为红色时即可采收。采摘时，手托果实摘断果柄，每 1~2 天采摘 1 次，每次采收都要将成熟果采尽。采收时注意轻摘轻放，随时剔出畸形果、病虫果，分级包装，及时上市。

水果套袋技术

水果套袋可有效控制病虫对果实的为害，降低农药残留量，减少果实生长期水分损失，并使果面着色均匀，改善外观品质，提升果实品位，提高经济效益。

技术要点

1 果袋的选择

葡萄、柚选用白色单层袋，脐橙选用外灰内黑的双层袋或单层袋，梨选用外灰内黑的双层袋。也可因陋就简采用旧报纸、杂志自制果袋。

2 套袋前的准备

搞好疏花疏果，确定合理的叶果比；加强病虫防治，套袋前 5～7 天必须全面喷施 1 次杀菌杀虫混合剂，重点喷布果实，待药液充分晾干后才能套袋。如果喷药后下雨，需要补喷 1 次。药剂要选用水剂或粉剂。

3 套袋时间与方法

一般来说在生理落果后套袋。如葡萄约在 5 月套袋，梨在花后 20 天左右套袋，脐橙和柚 7 月上中旬套袋。套袋要在晴天或阴天进行。选定果实后，先撑开果袋，托起袋底，袋体膨起套在果实上，幼果悬挂在中央，用折叠式方法将袋口折好捆扎在果轴上，切勿扎在果柄上，袋底要打开，以便通风透气。

4 套袋期的管理

多施有机肥，注重施用壮果肥，提高果实含糖量，改进品质。高温干旱时，应及时灌水，或行间用草、秸秆覆盖，改善果园生态环境，防止袋内果实温度太高。套袋后应注重病虫防治与枝叶保护，密切关注容易入袋的害虫的防治。

5　除袋及采收

着色比较浅的果实，可连袋一起采收；果面呈红、橙，紫色等着色较深的品种，要提前除袋晒果．如脐橙宜在采摘前 20 天左右除袋。除袋时，可适当剪除果实周围的密生枝、交叉枝或遮阴叶片，使果实获得充足的阳光直射而转色。根据市场需求，合理安排劳力，分期分批除袋，并及时采收果实上市。

秋西瓜高产栽培技术

10～12 月，恰逢中秋、国庆、元旦三大节日，西瓜供应正处于紧缺时期。为满足该时期的西瓜供应，栽培秋西瓜可获得十分可观的经济效益，是调整农业产业结构，增加农民收入的有效途径。

栽培技术要点

1 选择优良品种

西瓜在高温、高湿条件下易感病、难坐瓜。所以，秋西瓜要选择早熟、优质、抗病、耐高温高湿、雌花着生较密、易坐瓜、丰产性能好的西瓜品种进行栽培。目前，适宜推广的有黄小玉、红小玉、金福、小红玉等小果型品种。

2 适时播种，培育壮苗

秋西瓜一般在 7 月中旬至 8 月中旬播种为宜。播种前将种子用 55℃的热水烫种并不断搅拌 10 分钟左右，加水降温到 30℃时浸种 4 小时，然后用饱和石灰水去滑，洗干净后催芽。无籽西瓜种要人工破壳后才可催芽。催芽适温为有籽西瓜 30℃～32℃，无籽西瓜 32℃～35℃。当西瓜芽长达 1 粒米长即可播种，每穴播 1 粒，覆土 0.5～1 厘米盖籽。秋西瓜栽培应采用育苗移栽，育苗可采用营养钵育苗和营养泥块育苗。播种后，用稻草盖于苗床上，以防止苗床表土干裂，利于瓜苗出土。当有 1/3 瓜种顶土出苗时，将稻草揭掉。并插竹弓，盖 20 目以上的纱网防蚜虫、黄守瓜。当下大雨时要盖膜，晴后揭膜，同时要搭遮阴棚防晒。苗床干裂缺水时，用洒水壶于早晨洒水。无籽西瓜出苗 70% 时，及时"顶帽"。

3　整地施肥

种植秋西瓜最好选用能灌能排、通透性较好的沙壤土。早稻—秋西瓜模式，早稻要求在 7 月 20 日前收获；春西瓜—秋西瓜模式，要求前茬西瓜地未出现过枯萎病的地块。前茬作物收获后及时灭茬，翻耕晒垡，整厢、开沟、施基肥。每 667 平方米施腐熟有机肥 1500～2000 千克，三元硫基复合肥 30～40 千克，与土拌匀后作畦。

4　定植

当苗龄 10～15 天并有 2 片真叶时，即可起苗定植。起苗时尽量不伤根。立架栽培单行种植的行距 1～1.2 米，株距 0.5 米，每 667 平方米栽 1300 株左右；双行种植的行距 2.2 米，株距 0.6 米，每 667 平方米栽 1200 株左右。爬地栽培行距 2 米，株距 0.5 米，每 667 平方米栽 700 株左右。栽后浇足安蔸水，随即地膜覆盖，盖膜时在瓜苗正上方用刀片划一"十"字形口，将瓜苗取出，瓜苗四周及畦两侧用土压膜，压紧、压严、压实。

5　大田管理

5.1　立架、吊蔓　采用立架栽培，可提高种植密度，使瓜田通风透气，西瓜着色好、产量高、售价好。立架有人字架、篱笆架、交叉架三种形式。人字架、交叉架适宜于双行定植的。瓜蔓沿架生长、结瓜。及时整枝，采用二蔓整枝，一主一侧，其他侧蔓、孙蔓全部摘除。当瓜口杯大小时，用塑料网袋套上并固定在架上。

5.2　人工辅助授粉　人工授粉可提高坐果率和果实质量，方法与春西瓜相同。但因温度高，授粉时间短，要求集中人力，保证质量；最好阴雨天套袋授粉，以利坐瓜。

5.3　追肥与浇水　西瓜坐稳并有鸡蛋大小时，每 667 平方米追施尿素 5 千克、硫酸钾 10 千克。经常保持土壤干湿均匀，干旱时及时浇水，采收前 10 天停止浇水。注意田间不可积水。

5.4　防治病虫害　西瓜抽蔓后，每隔一周左右用 20％ 病毒病 A 粉剂 500 倍液防治 1 次病毒病；发现枯萎病株及时拔除，并用西瓜重茬剂 500 倍液灌根；生长后期，用 70％代森锰锌可湿性粉剂 400 倍液防治炭疽病；发现蚜虫、菜青虫、黄守瓜等可用氧化乐果、菜虫清、敌敌畏防治。

6　适时收获、贮藏上市

西瓜达到 8.5 成熟时及时收获，用 500 倍多菌灵液浸洗一遍，晾干后置于阴凉通风处堆放，高度以 2～3 层为宜。并及时上市销售，以获较好收益。

芋头高产栽培技术

芋头富含淀粉、蛋白质，深受消费者青睐。芋头喜高温多湿气候，生长适温27℃～30℃，较耐荫，短日照能促进球茎形成。芋头稳产高产，耐贮运，在秋淡季上市可获较高经济效益，是农业结构调整，增加农民收入的一个好的推广项目。

栽培技术要点

1 选地

芋头性喜湿，可选择水田、低洼地种植。土质以肥沃、土层深厚、保水保肥力强的黏壤土为宜。芋头忌连作，连作将大幅度减产，应2～3年轮作一次。

2 整地施肥

芋头根系分布较深，球茎有向上生长习性，故土地要深翻30厘米以上，做成2米宽的高畦。基肥以腐熟的厩肥、鸡鸭粪、草木灰、垃圾等富含有机质和磷钾的土杂肥为好，利于根系及球茎生长，增加球茎淀粉含量和香气。一般每667平方米施土杂肥4000～4500千克，在畦面上按行距80～90厘米开15～20厘米深的沟，将基肥施入沟中，施后与土掺匀，整平畦面。芋头直接植于沟中。

3 催芽

选顶芽健壮、充实、球茎饱满的子芋作种，每个重50克左右为宜。每667平方米用种量60～100千克。将种芋上干枯的鳞片状毛和全部侧芽摘除，然后放入苗床催芽。方法是在避风向阳处挖一个深25～30厘米、宽1.2～1.5米、长不限的苗床，周围开好排水沟，床底为硬土层，填入8～10厘米厚的疏松细土，顶芽朝上密插种芋，用湿润细土盖没芽，适量浇水，盖上稻草、薄膜，以保温增湿，保持20℃～25℃的温度与适当湿度。20～30天后，芽长4～5厘米时揭去覆盖物，让芽见光2～3天后栽植。因此，催芽应在2月底至3月上旬进行。

4　地膜栽植

施入基肥整平畦面后，每667平方米用乙草胺100克对水50千克喷施畦面防除杂草。当土壤不干不湿时，贴地盖上宽幅地膜。芋头栽植时，在畦面施肥沟中按株距30～40厘米破膜栽植，栽植深度为15～20厘米，芋芽朝上，栽没整个种芋，微露芋芽为宜。栽植后覆盖细土盖没种芽，封死洞穴。

5　田间管理

6月上旬揭去地膜，每667平方米追施复合肥30～40千克，也可施土杂肥，条施于株旁，结合培土将肥埋住。以后每隔15～29天追施一次人粪尿等。8月补施1次钾肥，以利淀粉沉积，同时结合培土成垄。共追肥3～4次，培土2～3次，培土厚度15～20厘米。培土可抑制芋芽抽生而消耗养分，促发不定根，有利球茎肥大，提高产量和品质。若地上部生长过于旺盛，可在球茎膨大期浇施10毫克/千克的多效唑，每株浇施100毫升左右药液，抑制地上部生长，促进球茎肥大。芋头整个生育期间要保持土壤湿润，生长前期雨水多，要开沟排水，生长后期要勤浇水，保持垄里有浅水层。

6　病虫防治

芋头主要病害是腐败病、疫病等，发病初期喷波尔多液、甲基托布津、甲霜铜等药液防治。虫害有斜纹夜蛾等，可用敌杀死、速灭杀丁防治。

7 采收及留种

芋头叶变黄是球茎成熟的象征,此时采收,淀粉含量高、食味好、产量高。但为提早上市抢好价钱,可在8月中旬开始采收。如要延后上市,可在10月下旬至11月中旬采收。每667平方米产量一般1500~2500千克,高产可达4000~5000千克。

种芋需充分成熟,在霜冻前采收。采前数日从叶柄基部割去地上部,待伤口干燥愈合后选晴天采收,防止贮藏过程中腐烂。种芋采收后,在室内摊放数日,让其散失部分水分,再用干沙堆藏至第2年作种。

佛手瓜高产栽培技术

佛手瓜为葫芦科多年生宿根性攀缘植物。性喜温，不耐高温，适宜于山区栽培。其果、嫩蔓、地下块根均可食用，无公害，是一种富含营养的珍稀蔬菜。在美国、日本有"超级蔬菜"之称，具有很大的利用价值和开发前景。

栽培技术要点

1 佛手瓜的繁殖

1.1 种瓜繁殖 佛手瓜果实内只有一粒种子，且种子的表皮和果腔紧贴，种子不易剥离，因此多以整瓜进行繁殖。种瓜应选择生长势强、结瓜多、果实品质好的植株作留种植株。在种株上再选形状端正、种皮纤维化变硬、果顶微裂的种瓜于秋末霜前采收贮藏。

育苗 佛手瓜育苗常在3～4月进行，采用营养钵保护地育苗方式。播种时，采用较大的花钵装入疏松肥沃的营养土，每钵播种一个种瓜，将瓜顶沿凹沟处切伤，便于发芽出苗，芽朝上平放入花钵中，再用营养土盖平。然后放在温床、塑料棚或其他保护设施中，保持15℃～20℃温度，出苗后，可将温度提高到20℃～25℃，以促进幼苗生长良好。当幼苗4～5片真叶时，晚霜过后即可脱钵带土定植。

直播 宜在4月上旬进行。播种前，先挖长宽各1米、深80厘米的栽培穴，施入稻草、垃圾、腐熟的猪牛粪等作基肥，将挖出的土与肥料混合填入穴中，最后填入表土，再将种瓜芽朝上埋入穴中，深度以埋没种瓜为度。

1.2 分株移栽与扦插繁殖 整瓜繁殖需种瓜多，成本偏高，且由于天然杂交易产生品种退化。采用分株移栽与扦插能有效克服以上困难。分株移栽的方法是：当越冬老根春暖后，新蔓长至33厘米左右时，用小刀自瓜蔓根部带部分根系刈下移栽，当年即可结果。

2 种植方式

在房前屋后、庭院、山坡、道旁等零星空地均可栽种。挖长宽各1米、深0.8米的大穴，施入足量的垃圾、猪牛栏粪等腐熟的有机肥，每穴定植1株，株产最高可达500千克。连片规模种植，行株距（3～4）米×（2～3）米，每667平方米种植50～60株。

3 田间管理

3.1 发芽期 提供适宜发芽条件，保温（15℃～20℃）保湿，发芽后及时入袋或入盆，防止干燥与冻害。

3.2 幼苗期：追肥切忌施用新鲜人粪尿，以免烧根死苗，应施充分腐熟的肥料。

3.3 生长期 勤浇水，保持土壤湿润。注意肥水供应，保持旺盛生长。佛手瓜主蔓长，分枝多，可攀到树木、院墙、围篱等上生长结瓜。连片种植需立架搭棚，及时抹除基部部分侧芽，每株保留2～3根子蔓，使其迅速上架。

3.4 开花结果期 及时追施肥料，补充养分供应。同时，及时采收已达商品成熟的瓜上市，减少养分消耗，达到高产、稳产的目的。

3.5 越冬管理 佛手瓜地上部茎叶遭霜冻后立即枯死，此时要多用稻草、干草及其他覆盖物覆盖基部，以免发生冻害，使其顺利越冬。

香椿人工栽培技术

香椿为多年生落叶乔木。其嫩茎、嫩叶均可食用，香味浓郁，含纤维少，含油脂多，品质佳，食味好。是近年来开发的一种绿色商品蔬菜。

栽培技术要点

1　繁殖

香椿可用种子或根进行繁殖。种子从壮年树上采收，果实变褐未裂为采收适期。当春季地温回升到 5℃ 以上即可播种。播种前用温水浸种 24 小时后催芽，每 667 平方米用种量 3～4 千克。播种后 10～15 天齐苗，保持株距 15～20 厘米，行距 20～30 厘米。也可利用母树周围地面萌发的幼小椿苗移植。还可采取人工断根分蘖的方法繁殖椿苗，方法是在春季新叶未萌发时，在母树周围、树冠外缘处挖一条 60～70 厘米深的环状沟，斩断根系末梢再埋好土，这样，根的先端可以萌发新芽，翌年即可掘起栽培。

2　育苗

定苗后及时浇水，保持土壤湿润。苗高 20 厘米后，结合浇水每 667 平方米施硫酸铵或复合肥 5～7.5 千克。幼苗先在母本苗圃培育 1 年，再在移植苗圃上生长 2～3 年即可定植。

3　定植

定植一般在春季进行。定植行株距为 1 米×0.8 米，每667 平方米栽 800～900 株。定植时，每个定植穴要施有机肥

3～5 千克。

4　田间管理

每年春季每株穴施或沟施有机肥 3～5 千克。剪去枯枝。采摘嫩茎后及时浇水。夏、秋干旱时及时浇水和施肥，以利恢复树势，促进枝芽充实饱满。入冬前要浇水防冻。

5　采收

香椿定植后第 2 年即可开始采摘嫩芽。主要采摘主干枝嫩芽，开始的 1～2 年每年采摘 1 次上市，3 年后，每年采收2～3 次上市。

生姜高产栽培技术

生姜性喜阴、湿润，怕强光，最适宜山区栽培。一般每667平方米产量 1500～2500 千克，最高可达 3500 千克。它集调味、食品加工原料、药用、蔬菜为一体，种植生姜，是山区农民脱贫致富的好门路。

栽培技术要点

1 选用优良品种

当前适合栽培的生姜品种有鸡爪姜、红爪姜、兴国生姜、来凤生姜等。

2 整地施肥

选用土层深厚且保水能力较好的沙壤土用来种植生姜，每 667 平方米用猪牛栏粪等有机肥 3000～3500 千克作基肥，在耕翻土壤时使土肥充分结合，整平整细做畦，畦宽 1 米，沟宽 0.3 米。

3 姜种消毒催芽

用福尔马林 100 倍液浸种 3 小时左右，可预防姜瘟的发生。将姜种捞起，用草帘或麻袋覆盖闷种 12 小时，发现姜肉变色、呈渍水状者应剔除。用熏烟、日光或电热加温等方法进行催芽。催芽时，应保持温度 20℃～30℃，经 20～30 天，当芽长 1 厘米左右时，即可种植。

4 种植

姜种催芽后，4 月中、下旬在整好的畦上进行种植，每畦栽 3 行，行距 40 厘米左右，株距 30 厘米左右，每 667 平方米栽 5000 株左右。每 667 平方米需种姜 200～250 千克。

5　搞好田间管理

5.1　生姜种植后，加盖地膜，并用小拱棚覆盖，以提高温度，加快出苗一致和抽生侧枝。齐苗后，将地膜揭掉。

5.2　每隔 20 天左右结合中耕除草、培土时，追施稀薄人畜粪水 1 次，保证土壤养分和水分。

5.3　5 月下旬后，将小拱棚撤除。从 6 月起用篙竹搭 1 米高的半阴棚，创造弱光环境，以利姜苗生长。

5.4　发现姜腐病株，要立即拔除，并用石灰灌注。同时，健株用 50％代森铵 1000 倍液喷施，每隔 10 天喷施 1 次。

5.5　7～9 月是生姜生长旺盛期，因温度高，水分消耗大，要及时灌溉，保持土壤湿润，但不要积水，以免过湿引起病害发生。

5.6　用 90％敌百虫 1000 倍液防治钻心虫。

6　采收

11 月中、下旬，姜地上部分开始枯黄时，即可采收。另外，适时取"娘姜"，有利提高产量，降低成本。方法是：当生姜长至 5～6 片叶时，选晴天用手指按住姜苗茎部，慢慢松动土层扳起种姜块。"娘姜"取后，应立即覆土并浇施肥水。弱苗及长势不旺的植株不取娘姜。每 667 平方米下种 250 千克的，可取娘姜 200 千克左右。

百合高产栽培技术

百合高含淀粉、糖、蛋白质、矿物质、维生奉等多种营养成分。其性微寒，味甜中带苦。有润肺止咳、养心安神、清凉退热、健胃益脾、补中益气之功能，是菜蔬珍品、营养保健品。

栽培技术要点

1　整地施肥

选地势较高、土质疏松的旱地种植百合。土地深翻晒垡，施足基肥。每 667 平方米施腐熟厩肥 2500～3000 千克、菜籽饼肥 50～75 千克，钙镁磷肥 40 千克。盖地膜的基肥量要大，以撒施为宜；不盖地膜的施用量可减少，以沟施为好。按 1.33 米宽作畦，深开畦沟、腰沟、围沟，做到沟沟相通，排水良好。盖地膜的畦面要整成龟背形。

2　播种

以 9 月中旬至 10 月秋末冬初播种为宜。选用当年收获的每个重 50～60 克中等大小的鳞茎作种。播种行株距为 30 厘米×15 厘米。每 667 平方米用种 200～250 千克。按行距开 10 厘米深的沟，锄松沟底，在沟中按株距摆放鳞茎，其顶端朝上，覆土 3.3 厘米。将畦面整平后盖膜。不盖膜的需盖草防冻，保湿保肥。

3　管理

出苗时，及时破膜以利出苗；当气温高于 25℃后，及时揭膜，以免高温烧根。6 月上旬鳞茎膨大期，每 667 平方米追施尿素 5～7.5 千克、钾肥 10 千克，促长鳞茎，利于淀粉累积。未盖膜的，上冻前追一次 30％的人粪尿作越冬肥；出苗时，将草搬至行间，防止雨季土壤板结。水分管理以土壤不干不湿为原则，雨季及时排水。宜浅中耕、浅培土。

做好植株调整工作。出苗后发现有几条茎的植株，留其中最强的 1 条，删去多余的，以防鳞茎分裂。5 月下旬～6 月上旬，当植株长出 60 枚左右叶片时，进行摘顶心，减少养分消耗。6～7 月间出现花蕾，应尽早摘除，不使开花结实。摘下的花蕾要集中收集处理，以免随意丢在百合蔸下引起死苗。

4　采收与留种

当地上部完全枯萎时为采收适期。应在晴天采收，收后尽快运入室内摊开晾干，避免多照阳光。一般每 667 平方米产量 750～1000 千克。

用小鳞茎繁殖的，在生长中后期田间选生长良好、无病虫的植株作标记，茎叶枯死后挖起鳞茎，再选个大但侧生鳞茎不超过 5 个的，具有本品种特征的作种，收后稍晾，用干沙层堆积起来待用。

辣椒高产栽培技术

辣椒是各地人们喜食的一种重要蔬菜，营养价值高，特别是维生素 C 含量高；辣椒叶正成为一种时尚蔬菜。辣椒喜温暖和光照，又耐弱光，不耐干旱又怕涝。生长结实最适温度 25℃～28℃，高于 35℃ 或低于 15℃ 易落花，且生长发育停止。

春提早栽培技术要点

1 品种选择

选用较耐寒、耐湿、耐弱光、株型紧凑的早熟、抗病良种，如湘研 1 号、湘研 2 号、湘研 11 号、湘研 19 号、早丰 1 号、赣椒 1 号等。

2 播种育苗

采用大棚冷床营养钵育苗，一般特早熟栽培宜于 9 月下旬播种，早熟栽培宜于 10 月中下旬播种。采用大棚加温苗床营养钵育苗，在 1 月中下旬播种为宜。为增强秧苗耐寒性，可采用抗寒剂浸种、移栽时浸根或叶面喷施。辣椒苗 3～4 片叶时，每隔 7 天连喷 2 次 0.5％的氯化钙溶液。定植之前一定要加强对幼苗的低温锻炼。

3 整地施肥

尽早深翻土壤任其暴晒和冻垡，以改良土壤和消灭部分病菌及害虫，移栽前 15～20 天整好地。结合整地施入基肥，每 667 平方米施用腐熟优质有机肥 4500～5500 千克、氮磷钾复合肥 50～60 千克、钙镁磷肥 40～50 千克、硫酸钾40～

50 千克，撒施后耕翻入土。提前 10 天左右扣棚，提高棚温和土温，利于栽后早成活、早发根。

4 定植

特早熟栽培 11 月下旬定植；一般早熟栽培 2 月下旬～3 月上旬定植；露地定植可在清明前后进行。定植时最好选晴天上午进行，便于下午闭棚提高棚温。宜采用宽窄行相间或宽行窄株的方式定植。一般每 667 平方米定植 3500 株左右，行距 55～60 厘米，株距 35 厘米左右。也可采用行株距 (35～40)厘米×(20～25)厘米的单株定植，每 667 平方米栽 4500～5000 株。定植后，用敌克松 1000～1200 倍液淋蔸，每蔸淋 250～300 克药液，既可作定根水，又可预防辣椒土传病害。

5 田间管理

5.1 温湿度调节 定植后 5～7 天，基本不通风，白天维持棚温 30℃～35℃。夜间套小拱棚加盖草帘保温。缓苗后，按辣椒各生育期的适温范围进行正常通风管理。各生育期适温为：辣椒开花坐果前 20℃～25℃，结果前期 25℃～30℃，结果后期 30℃～35℃。调节方法是通过棚门的打开、关闭进行。同时注意控制棚内空气湿度为 60%～70%，在喷药、施肥、浇水后特别注意加强通风。

5.2 追肥 辣椒坐果至第一层果采收时，每隔 15 天左右追肥 1 次，盛果期每隔 10 天左右追肥 1 次。前期每次每 667 平方米施稀薄粪水 750～1000 千克，中后期每次每 667 平方米施尿素 15 千克、硫酸钾 20 千克，结果期可结合喷农药每隔 7～10 天叶面喷施 0.5% 的磷酸二氢钾。同时，要追施二氧化碳气肥，提高产量。

5.3 防治病虫 主要病害有疫病、疮痂病、病毒病、白绢病和炭疽病等，可用多菌灵、百毒清、辣椒灵防治。主要虫害有烟青虫、蚜虫、棉铃虫、红蜘蛛等，可用敌杀死、一遍净进行防治。

6 采收

根据市场价格，适时分批采收上市，以获取较高经济效益。

秋延后栽培

1 品种

选用耐热又耐旱，抗病性强，尤其是抗病毒病的品种。同时，要求果大、肉厚、商品性好、耐贮运。主要品种有：皖椒 1 号、新丰 4 号、早杂 3 号、湘研 3 号、宁椒 5 号、洛椒 4 号等。

2 育苗

选地势高，前茬不是茄果类蔬菜的地作苗床，尽早深耕晒白，施适量腐熟土杂肥，10 平方米苗床施 1 千克复合肥作基肥。采用遮阳网或搭阴棚及农膜双覆盖的遮阳防雨棚育苗。种子先用 10％磷酸三钠或病毒 A500 倍液浸 20 分钟，洗净后用 55℃热水浸泡 15 分钟。适宜播种期为 7 月 15～25 日。播种前用敌克松 800～1000 倍液对苗床进行土壤消毒。播种后覆盖稻草降温保湿，出苗后揭除。幼苗 2～3 叶时，于傍晚移植入营养钵，也可将种子直接点播在营养钵内。苗期管理的中心环节是尽可能降温和保持苗床湿润。浇水要在早晚进行，要浇清凉水，浇根不浇叶，遮阳物早上盖、傍晚揭，晴天盖、阴天揭，晚上让苗吃透露水。定植前 5～7 天揭去遮阳物炼苗，重施 1 次送嫁肥，并喷杀菌剂，带药定植。

3 定植

老菜地土壤要消毒，每 667 平方米撒施石灰 150 千克翻入土壤，或用敌克松 800～1000 倍液浇透土壤。大田要早耕、深耕、晒白。结合整地施基肥，每 667 平方米施腐熟厩肥 2000～3000 千克、复合肥 40 千克。8 月中下旬苗龄 30 天左右，秧苗有 7～8 片叶时定植，每 667 平方米栽 4000～4500 株。栽后浇定根水，棚架盖膜及遮阳网，以防雨降温。

4　管理

肥水：定植后至 11 月中旬，浇水以保持土壤湿润即可，防止突干突湿。以后随着气温降低，逐步减少浇水，保持土壤和空气湿度偏低为宜，可有效防治病害，减少死株烂果。浇水方式以沟灌或浇入辣椒培土后的行间小垄沟内为宜。施肥切忌氮肥过多，将复合肥溶入水中浇灌最好。定植后 10～15 天，每 667 平方米追施复合肥 5～8 千克，盛果期再追施 1～2 次，每次每 667 平方米施复合肥 10～15 千克。后期可喷施 0.5％的磷酸二氢钾加 0.2％的尿素。温光：前期设法降温。当外界气温降至 26℃～28℃时揭去遮阳网；夜间气温薛至 16℃ 以下时，加盖裙膜，盖严棚膜；当夜间气温低于 12℃ 时，在大棚内加套小拱棚。植株调整：对生长势弱的植株，及时摘除 1～2 层花，促进植株生长健壮。植株徒长时可喷波尔多液，也可喷 1 次 50 毫克/升的多效唑。正常植株摘除门椒以下侧枝，用 40～50 毫克/升防落素喷施保花，结果期喷 2～3 次 0.5～1 毫克/升的三十烷醇促多开花、多结果。10 月下旬植株摘顶，并摘除无效花和空枝。

5　采收

及时采摘门椒，以防坠秧。以后按市场需求采收，尽量后延到元旦、春节上市，提高效益。

西葫芦高产栽培技术

西葫芦是一种营养价值较高，比较容易种植的蔬菜。是城乡居民比较喜爱的一种蔬菜，也是渡"春淡"的主要瓜类蔬菜之一。西葫芦春提早栽培，是早春瓜类最早上市的一种蔬菜；西葫芦秋延后栽培，可延长上市时间，是菜农获得高效的一种主要蔬菜品种。

春提早栽培技术要点

1　品种选择

用作春提早栽培的西葫芦品种，主要有早青一代、阿太一代和银青一代。

2　播种育苗

采用多层覆盖大棚冷床育苗。播种时间为隔年 12 月中旬至当年 2 月上旬。每 667 平方米大田用种量 300 克左右。

西葫芦嫁接栽培技术正在发展。先取黑籽南瓜种子，用热水烫种消毒后，再催芽，见有 5％的种子露白时，马上将西葫芦种子用热水烫种消毒，并用温水浸种 7 小时，然后将黑籽南瓜和西葫芦同时播种。种子上盖土 1.5～2 厘米，盖小拱棚，棚温不够时可加盖地膜。70％的种子出土时，即可撒去拱膜、地膜。床土有白干现象要喷水。其他技术措施同黄瓜嫁接育苗。

3　定植

从嫁接开始往后 9～10 天，进行断根。断根后 3～5 天，可进行大棚移栽定植。定植前结合深翻施足基肥，每 667 平方米施猪粪 3500～4000 千克或饼肥 150 千克、钙镁磷肥 50 千克，掺匀耙平做畦。定植的行株距为 60 厘米×50 厘米。可盖地膜后定植，也可栽后立即盖膜。定植时浇足定根水。露地定植加盖小拱棚，可于 2 月中下旬进行。纯露地定植应在 3 月中旬进行。定植后，在大棚内用尼龙丝吊蔓，露地则不需。每 667 平方米定植 2000 株左右。

4　田间管理

4.1　定植后至开始坐瓜期管理　大棚西葫芦定植，浇定根水后盖小拱棚和闭棚 5～7 天。缓苗期过后，当单株长出 1 片新叶时，浇 1 次缓苗水，棚温控制在白天 20℃～25℃，夜间 11℃～14℃。植株雌花开放后，用 2，4—D30 毫克/升点花，以促其坐瓜。当有雄花后，早晨 7 时前后进行人工授粉。植株坐瓜后，棚内气温控制在白天 25℃～28℃ 为佳，最高不超过 30℃。

4.2　首批嫩瓜采收后的管理　该时期的管理以降温、降湿为主。3 月中下旬可将小拱棚揭去，到 4 月中下旬可将大棚顶膜揭去。适量浇水，合理施肥，以追肥为主。进行人工授粉，惊蛰后晴天基本上能正常授粉，但阴雨天仍需用 25～30 毫克/升 2，4—D 液点花果。

5　及时采收

当瓜长到 400～500 克时，根据市场价格，及时采收上市，以获得较高利润。

秋延后栽培技术要点

1　品种确定　以早青一代为好。

2　及时盖棚　10 月上、中旬一定要盖好大棚。定植时使用地膜覆盖。

3　植株调整　及时做好吊蔓绑蔓工作，及时摘除多余雄花，及时疏除病老残叶。

4 激素保果 立冬后，气温下降，当气温低于15℃时，需要用2，4—D30毫克/升液点花，促进坐果。

5 肥水管理 原则是"浇瓜不浇花"。每摘收1～2个瓜追一次肥。每次每667平方米施尿素5千克、过磷酸钙和硫酸钾各4千克。

6 大棚管理 原则是植株生长期控制温度不高于28℃，瓜果膨大期控制温度不高于20℃，也不低于10℃。

7 病虫防治 病害主要是果腐病、灰霉病，可使用百菌清、瑞毒霉、甲基托布津、代森锰锌等药进行防治。虫害主要是蚜虫和茶黄螨，可用敌杀死或速灭杀丁防治。

8 及时采收 当瓜长到500克左右时，即可采收上市。过大，影响商品性，也影响收入。

大棚茄子春秋栽培技术

茄子是我国南北各地普遍种植和喜食的一种大众化蔬菜。茄子喜温而耐热怕霜，生育适温 22℃～30℃。大棚茄子的春提早和秋延后栽培，除播种期和收获期不同之外，其他如育苗、大棚内温湿度的调控及其管理基本相同。

栽培技术要点

1 品种选择

适宜湖南春秋栽培的品种主要有湘茄 3 号、常茄 1 号、湘早茄等。

2 培育壮苗

根据茄子的生物学特性及湖南气候特点，茄子春提早栽培适宜播种期为 10 月上旬，秋延后栽培适宜播期为 6 月底～7 月上旬。整个栽培过程均在大棚内进行。

2.1 苗床制作

宜选地势高燥、排灌方便、前茬未种过茄果类的田块作苗床。苗床地要深翻晒垡、消毒。消毒可用敌克松 800～1000 倍液喷洒。施足基肥，每平方米施 50％人畜粪尿 10 千克，深翻、整细、耙平，做成宽 1.3～1.4 米的畦面，开好排水沟。

2.2 催芽播种

将种子先晒 3～4 小时，再浸种 1～2 小时，然后用 55℃热水烫种 10～15 分钟并搅动，而后在常温下浸泡 4～5 小时，晾干，用纱布包好后保持 25℃～30℃温度进行催芽。待种子萌芽后拌细土播种，每平方米播种 10～12 克。播种后盖营养土 0.5 厘米厚，盖地膜保湿。抓好苗期温、光、水、肥等的管理。

2.3 营养钵的制作

用 70% 菜园土或塘泥，30% 的充分腐熟的堆肥、人畜粪加适量草木灰、过磷酸钙拌匀堆沤 1 个月后，翻晒土。每 667 平方米制钵 3500 个左右。

2.4 假植

待秧苗长至 2 叶 1 心时移植于直径 8～10 厘米的营养钵中。移苗前喷 1 次 50% 多菌灵 600 倍液，拔除病苗、杂苗。假植时，用铲挖苗，做到边铲苗边移栽边浇定根水。及时将营养钵移入小拱棚内，白天维持棚温 25℃ 左右，夜间气温低于 15℃ 时要做好保温工作。保持钵土湿润，并勤通风换气。

3 整地定植

3.1 整地施肥

定植前 7 天左右，每 667 平方米施入发酵腐熟的有机肥 4000～4500 千克、过磷酸钙 50 千克、尿素 15～20 千克、氯化钾 20 千克、硼肥 1 千克、石灰 50 千克。秋延后定植因气温较高，天气干旱，基肥用量要酌减，结果后加大追肥量。在挖土时将肥料与土层充分混合均匀，做成畦面宽 1.2 米、沟宽 0.3 米的高畦。每 667 平方米用敌草胺 200～300 克对水 25～40 千克喷雾。若土壤干燥，应将土喷湿或浇湿。然后盖地膜。

3.2 定植

苗龄期 40～45 天时，选晴天于 11 月中下旬定植。栽植密度按行株距（55～60）厘米×（30～35）厘米进行。秋延后栽培秧龄 40 天左右，8 月中、下旬进行，可适当加大密度。定植后结合浇定根水，浇入敌克松 1000 倍液。每株浇 250～300 克，然后盖小拱棚，保温促早发。

4 田间管理

4.1 精心调温促长

定植后白天保持温度 25℃～30℃，夜间不低于 15℃，有利植株生长。晴天中午通气排湿，阴天保温见光。冬季尽量延长光照时间。调节温度的办法可通过大棚或小拱棚进行关、开的操作来进行。

4.2 合理追肥

结果前期酌情施肥，防疯长发病；当门茄"瞪眼"时，抢晴天浇 2 次淡粪水；采收期间 10～15 天追肥 1 次，每 667 平方米追尿素 10 千克或复合肥 15 千克。秋延后栽培后期因气温降低，要节制肥水。

4.3 搞好植株调整

采用三干定枝，即定植前，留"门茄"以下一个优势腋芽作分枝，其余全抹除；门茄以上双权处留 2 个分枝外，其余分枝全部摘除；门茄收获后，将其下的黄叶、老叶摘掉。

4.4 利用化学调控

用 30 毫克/升的 2，4—D 或 100～200 毫克/升的"920"蘸花。秋延后栽培用 15 毫克/升的 2，4—D 点花 1 次，防止裂果，确保坐稳果。

4.5 防治病虫害

主要病害有猝倒病、绵疫病、灰霉病、黄萎病等，虫害主要是蚜虫和红蜘蛛等。防治措施一是加强各个不同生长期的管理，做到多通风换气少浇水，控制适宜的湿度。二是发病初期用多菌灵和代森锌 500 倍混合液每隔 5～7 天喷 1 次，连喷 2～3 次；从花期开始及时用三唑磷 1000 倍液防治蚜虫和红蜘蛛。

4.6 适时采收

根据市场行情，及时采收上市，以获得较好的效益。

黄瓜高产栽培技术

黄瓜的常规栽培是清明前后播种，芒种前后上市。黄瓜的春提早栽培，实际上就是黄瓜的特早熟栽培。黄瓜的秋延后栽培是秋黄瓜的延后栽培，即利用大棚生产，播期较秋黄瓜晚，上市收获期可延至 11 月底或 12 月上中旬，如冬季天气尚好，可延至元旦前后罢园。

春提早栽培技术要点

1 品种选择

较好的品种主要有津春 2 号、津优 1 号、湘春 2 号、湘春 3 号等。

2 播种育苗

黄瓜的育苗分常规育苗和嫁接育苗两种。其嫁接育苗在大棚内进行。

2.1 播种 为达到早熟栽培的目的，播种期宜选在 2 月上中旬，在冷尾暖头天气播种。播种前，先将苗床用水喷透。一个苗床播种黄瓜种，尽量稀播；另一个苗床播种黑籽南瓜种，尽量密播。南瓜比黄瓜晚播种 3～5 天。

2.2 嫁接 嫁接时间是在黄瓜苗第 1 片真叶初展、南瓜苗真叶初露，苗高 8～9 厘米时，尽快嫁接。嫁接前一天应对黄瓜苗喷药 1 次。嫁接时，将两种苗从苗床上陆续取去，以南瓜苗作砧木，从子叶下 1 厘米处自上而下呈 25°下刀，切口深为苗茎的 2/3 处。黄瓜苗自子叶下 2.5 厘米处自下而上呈 25°下刀，切口深度与南瓜相同，将切口对好，夹上嫁接夹，并迅速定植到苗床里。南瓜苗应置于嫁接夹的外部。嫁接时宜 2 人操作，一人嫁接一人移栽，边嫁接边移栽。

2.3 嫁接后管理　将嫁接的苗子按 10 厘米×10 厘米的间距移栽到整好的苗床上，边栽边舀水浇透，注意不要将水浇到接口上，埋土应离嫁接夹 2 厘米左右，边栽边插竹拱，盖薄膜，拱棚内温度应保持 30℃～35℃，闭棚 7 天左右。嫁接苗成活后，正当黄瓜处于 1 叶 1 心或 2 叶 1 心时，及时喷施 200～250 毫克/升的乙烯利溶液，诱导雌花。

3　施肥作畦

每 667 平方米施腐熟厩肥 2500～3000 千克、磷肥 100 千克、复合肥 50 千克、钾肥 100 千克，施肥后翻土作畦。畦面宽以 1.2 米为宜。高畦整地，平整好喷除草剂后盖膜，3 天后定植。

4　定植

定植的最佳时期是嫁接黄瓜苗成活后 6～7 天。定植时按株距 27 厘米，每畦栽 2 行的株行距密度进行。栽后用小拱棚覆盖，闭棚 5～7 天，有利缓苗返青。

5　田间管理

5.1 黄瓜对水分要求严格，其特点是开花结果前需水量少，结果期需水量多。从开花结果起，可用复合肥配成 0.5% 的肥液淋蔸，7～10 天 1 次。同时，还可喷施磷酸二氢钾、高效复合肥等叶面肥。

5.2 植株调整　大棚内中间两畦可采用吊绳方式，露地在小拱棚膜揭后可采用"篱笆架"。绑蔓在下午进行，以减少或避免断蔓。侧蔓虽结果早，但畸形瓜多，商品价值不高，应及时抹除，以有利集中养分确保主蔓瓜多快长。当主蔓满架时摘心，使之结瓜整齐。及时疏花疏果，确保有限养分供给生殖生长，使其多结瓜，结好瓜。

5.3 病虫防治 春黄瓜的病害很多，但以枯萎病、疫病、霜霉病为重。虫害主要有蚜虫、守瓜及瓜绢螟，应搞好防治。具体防治方法是：用75％百菌清500倍液或敌克松1000倍液防治霜霉病、疫病。每667平方米用70％甲基托布津或50％多菌灵可湿性粉剂1.5千克拌干细土施于定植沟（穴）作土壤消毒，预防枯萎病；发病初期用托布津800倍液或多菌灵400倍液灌根，每株灌250毫升药液，每10天灌1次，连灌2～3次。用20％速灭杀丁或敌杀死3000倍液防治蚜虫、守瓜等害虫。瓜田撒施草木灰、石灰、木屑等可阻止成虫产卵。

5.4 及时采收 采收的适期在谢花后8～10天。尤其是头瓜、坠地瓜要提早采收，及时上市。

秋延后栽培技术要点

1 确定播种期 宜在8月底至9月上旬播种。

2 选准品种 选津杂2号、津春4号等为佳。

3 嫁接育苗 秋延后栽培黄瓜，宜用嫁接育苗。嫁接育苗方法同春提早栽培。

4 激素处理 当瓜苗长至2叶1心时，用250毫克/升乙烯利喷雾，诱导雌花产生，提高产量。

5 植株调整 及时进行植株调整，是秋延后黄瓜丰产的关键技术之一。

绑蔓 当瓜苗抽蔓后，就应进行绑蔓，以后隔3～4节绑一道。

打枝 黄瓜虽有侧蔓早结瓜的习性，侧蔓一般留1条瓜后及时断尖，促其主蔓结瓜。

摘顶 当黄瓜苗长至离棚顶20厘米时，将顶心摘掉，并留 3～4 个侧枝。

疏花　黄瓜每一节腋内产生很多雄花，消耗养分，在每一节腋内留 1 朵未开雄花即可，其余摘掉。

疏果　及时摘掉畸形瓜，是确保产品优质的重要一环。

疏叶　进入中、后期时，底部的老叶、病叶应及时打掉，以利通风、透光透气。

6　肥水管理　黄瓜秋延后栽培，在施足底肥的情况下，进入开花结果期时，追肥应采取低浓度多次数的方法进行，即勤施薄施。

7　及时盖棚　秋延后黄瓜栽培，应在 10 月上中旬及时盖棚，以防霜冻。

8　追施二氧化碳肥　在结瓜期的晴天上午 9～11 时进行二氧化碳追肥。追肥时不要通风，追施后 2 小时可以进行通风。3～5 天 1 次。

9　病虫防治　重点抓好霜霉病、细菌性角斑病、炭疽病和蚜虫、美洲斑潜蝇、守瓜的防治。

10　温湿度管理　主要通过关、开大棚门和揭、闭棚膜来调控温度和湿度。当气温高于 32℃ 时，须揭膜通风降温，保持适温 24℃～32℃。当低于 10℃ 时，闭棚。

苦瓜春提早栽培技术

苦瓜种子发芽适温为 30℃～33℃，在 12℃ 恒温条件下不发芽。生长的适宜温度为 20℃～30℃，在 15℃～25℃ 范围内，温度越高，越有利于苦瓜的生长发育，结果早，产量高。

栽培技术要点

1　品种选择

目前较好的品种主要有大白苦瓜、蓝山大白苦瓜等。

2　播种育苗

播种期宜在立春前后，采用加温苗床育苗。同时采用营养块或营养钵育苗有利于培育壮苗。苦瓜因其种壳厚，在浸种后将种壳敲破，有利发芽。播种后 4 天内小拱棚内温度应保持 25℃～30℃，以后保持在 20℃～25℃。当 50% 出苗时揭去地膜，当幼苗长至 2 叶 1 心时，可撤去小拱棚炼苗。出苗后用百菌清喷洒，防止猝倒病，10～15 天 1 次。春分至清明在大棚或小拱棚内定植。

3　起垄定植

每 667 平方米施用充分腐熟的鸡鸭粪 200～300 千克、土杂肥 4000～5000 千克、过磷酸钙 100 千克、硫酸钾 30～40 千克，尿素 20～30 千克，结合挖土将肥料均匀施入耕作层。

大棚内定植一般与其他矮生植物套种，只栽大棚两边，定植后盖好地膜。小拱棚定植时间应在春分前后。畦宽以 2

米为宜（含土沟），双行栽培。

4　田间管理

此期的管理主要是温度，使棚内气温保持在白天 25℃～30℃，夜间 14℃～18℃。

4.1　植株调整　当主蔓长到 45 厘米左右时，开始整枝、吊蔓、引蔓。摘除侧蔓时，最好选择晴天中午前后进行。

4.2　肥水管理　当采收第 2 批瓜后，管理上应以加强肥水供应为中心，肥水供应以供肥为重点。一般采取 7～8 天追肥 1 次，追肥每次每 667 平方米施硫酸钾和尿素各 7～8 千克或其他叶面肥。6 月上旬可将地膜揭去。

4.3　及时采收　当幼瓜充分成长时，果皮瘤状突起膨大，果实顶端开始发亮时采收为宜。

4.4　病虫防治　苦瓜的主要病害是白绢病、枯萎病、病毒病和斑点病。虫害主要是黄守瓜、瓜绢螟、白粉虱和瓜蚜。白绢病可用粉锈宁防治，枯萎病可用敌克松防治，虫害可用速灭杀丁和敌杀死进行防治。

丝瓜春提早栽培技术

1 品种选择

用作春提早栽培的丝瓜品种有长沙肉丝瓜、冷江肉丝瓜、湖北咸阳市的早杂肉丝瓜、益阳白丝瓜等。

2 播种育苗

早春丝瓜播种宜在 2 月中下旬于大棚内进行。每 667 平方米用种 0.5～0.7 千克。播种前宜先浸种催芽，催芽温度为 28℃～32℃，当 2/3 的种子开口露白时即可播种。播种可用营养块或营养钵育苗。播种后盖一层稻草，其上盖一层薄膜，再用小拱棚覆盖。到 2 叶 1 心时定植，约需 30 天。

3 施肥

重施基肥。以充分腐熟发酵的猪、牛、鸡、鸭粪为主，辅以每 667 平方米施用过磷酸钙 100 千克、草木灰 150～200 千克。大棚早春栽培丝瓜，一般在大棚两边种植丝瓜，中间套种矮生作物。

4 定植

当苗子长到 2 叶 1 心时，即苗龄 40 天左右时进行定植。株距 50～60 厘米，可用地膜覆盖栽培。定植后用小拱棚覆盖，闭棚 5～7 天，以利缓苗。

5 田间管理

定植后前期，温度控制在 30℃以下、15℃以上。

5.1 揭膜引蔓 4 月中旬可将拱棚膜揭去。将瓜蔓人为地有意识地引到大棚上。

5.2 植株调整 根据肥力水平，每株留 2～3 个侧枝，任其生长，其余侧枝全部摘除。每隔 2～3 节留 1 朵雄花外，将多余的雄花全部及早摘除。

5.3　人工授粉　前期因无雄花，用 2，4—D 30 毫克/升液点花，刺激子房膨大，促进坐果，稍后 10 天左右，每天早晨 9 时前进行人工授粉。

5.4　追肥　丝瓜因其连续结瓜期长，应进行多次追肥。追肥以腐熟的人粪尿、三元复合肥浇施，用量视苗情而定。

5.5　及时采收　丝瓜是以嫩瓜为商品瓜，应及时采收。

5.6　病虫防治　大棚丝瓜病害主要是疫病、蔓枯病、霜霉病、细菌性角斑病，可用 50％多菌灵 500 倍液和 70％托布津 800 倍液喷雾；虫害主要是蚜虫、守瓜、斑潜蝇和瓜绢螟，可用敌杀死、速灭杀丁防治。

大棚蕹菜栽培技术

蕹菜，又名竹叶菜、空心菜、藤菜，是夏秋两季很重要的蔬菜。生长适温为25℃左右。10℃以下生长停滞，不耐寒冷，遇霜冻茎叶枯死。

栽培技术要点

1　选用品种

当前主要选用广西白籽、江西芦蕹、泰国蕹菜等较好。

2　施肥整地

大棚栽培蕹菜，一般多与茄果类、瓜类等实行间作或套作。每667平方米施入有机肥5000千克、尿素20千克，撒施于土面，深翻后整地。一般畦宽1.2米，高畦，便于加盖小拱棚和套作其他蔬菜。

3　播种

早春播种可在惊蛰后于大棚中进行，晚秋播种即使在大棚内最迟不得超过10月中旬。直播每667平方米用种10～12千克，育苗间拔上市的每667平方米用种30千克以上。播种前要浸种催芽，方法是：先用清水浸种5～6小时，再用磷酸二氢钾100倍液浸种5～6小时后，在25℃～30℃的温度条件下进行催芽后播种。播种方法是：早春用撒播法，由于种子较大，播种后用钉耙松土覆盖，或用浓厚的人畜粪尿覆盖，或在其上盖已过筛的干细土1厘米，以利出苗。再在其上盖地膜，并设置小拱棚。密闭，直到有80％的种子出苗后，方可揭去地膜。

4　田间管理

4.1　防病　揭地膜后，用 75％百菌清 500 倍液喷雾，隔 7～10 天 1 次，防止猝倒病。

4.2　除草　在早春，因其杂草比蕹菜生长快，必须及时除草。

4.3　追肥　2 叶 1 心时，每 667 平方米追施尿素 10 千克，也可用增产灵或植物动力 2003 作叶面追肥或喷施 40～80 毫克/升的"920"，促其快速生长。

4.4　保温　早春低温是蕹菜生产的大敌。出苗揭地膜后至采收第 1 批蕹菜止，主要是保温，当棚内气温低于 25℃时，要闭棚，加盖小拱棚；高于 25℃时开棚门，盖小拱棚。超过 35℃时，应揭膜通风换气，降温降湿。严禁在有北风时开启棚门。

4.5　及早采收　依市场行情，待苗基本能上市时，尽早上市。

5　适时套作其他蔬菜

大棚早春栽培蕹菜，在蕹菜出苗揭地膜后，即可定植准备间作、套作的蔬菜品种，以提高大棚的利用率和效益。

6　晚秋栽培蕹菜

应在 10 月上旬扣棚，以防霜冻。最迟播种期应在 10 月中旬结束。其栽培技术与早春栽培相同。

茶叶规范化栽培技术

茶叶栽培是一个人工控制下的自然生态系统。进行茶叶规范化栽培，要求茶农本着因地制宜、丰产、优质、高效的原则，在对单项技术选优的基础上进行优化组合，以获取最高经济效益。

新植茶园（建园至 6 足龄）规范化栽培技术要点

1 茶园选择

在海拔 800 米以下、坡度 25°以下的丘陵区、山区和半山区，凡长有映山红、铁芒箕、马尾松、油茶等酸性指示植物且土层厚度在 1 米以上、地下水位 1 米以下的地方，均可栽培茶叶。

2 建园

2.1 垦复　清理拟建茶园范围内的树根、杂木、石块等，进行初垦，宜在夏秋高温少雨时进行，初垦深度为 60 厘米。一个月后进行复垦，深度为 30 厘米左右，以进一步清除土中杂草、树根，适当破碎土块，平整地面，便于布置种植行。

2.2 建园形式　平缓地茶园：平地和 10°以下缓坡地，在全面垦复的基础上，大弯随势，小弯取直，基本等高布置茶行。梯级茶园：10°以上坡地，在清理地面或初垦的基础上，就地取材构筑梯级。其要求是：梯面外高内低，外埂内沟、同级梯各段等高，梯梯接路，路路相通，沟沟相连。梯宽既便于茶行布置，又不浪费土地；梯壁高在 150 厘米以内。土筑梯壁放坡 70°左右，草皮砖砌梯壁放坡 70°～75°，石块砌梯壁放坡 80°左右。梯面内侧要深垦，并尽可能保留原有表土于梯面。

3 种植

3.1 种苗准备 如生产红茶宜用槠叶齐或更优品种，生产绿茶宜用福鼎大白或更优品种。种子要求无虫蛀、无霉变，发芽率在 75％以上的新鲜茶子。可采用本地育苗移栽或从外地调苗移栽，茶苗要求苗高 25 厘米左右，离根茎部 3 厘米处的直径达 3 毫米以上。

3.2 种植规格与密度 如采用单条成行式，行距为 150 厘米、穴距为 30～35 厘米，每穴栽苗 2 株或播健壮茶籽 4～5 粒。如采用双条成行式，行距 150 厘米，小行距 30～40 厘米，穴距 30～40 厘米，每穴栽苗 2 株或播健壮茶籽 4～5 粒。

3.3 施基肥 一般采取开沟施肥，沟深 60 厘米，沟宽 50～60 厘米，每 667 平方米施入农家有机肥（厩肥、秸秆、绿肥、土杂肥等）5～10 吨，茶叶专用复合肥或磷钾肥 50 千克，肥土混合后覆土整平地面。

3.4 栽植与播种 栽植茶苗宜在 10 月～次年 3 月上旬进行，栽植深度以超过根茎部 3～4 厘米为度，并压紧茶蔸附近土壤，浇足定蔸水。播种时间同茶苗移栽，播种后盖土 3～4 厘米，要求用糠壳或薄膜覆在种植行上，以保水控温。

4 种植后的管理

4.1 间苗补缺 播种或定植一个生长期后，在秋末冬初或翌年早春前进行间苗、补苗，间苗应留强去劣，补缺用同龄或大一龄的茶苗。

4.2 幼龄茶园土壤管理 根据杂草生长情况，全年进行 3～4 次浅耕除草，深度 5～10 厘米，也可结合追肥进行。

每年或隔年在秋季进行一次深耕，一般耕深 15～20 厘米。前 3 年内，可在行间种植绿肥，改良土壤，培肥地力。

4.3　幼龄茶园树体管理　2 年生时，当苗高 30 厘米以上，主干粗 3 毫米以上时，做第 1 次定型修剪，离地面 12～15 厘米处剪去主枝上段，但不剪主枝剪口以下的分枝。至 3 年生时进行第 2 次定型修剪，剪口比第 1 次提高 15～20 厘米，到 4 年生时进行第 3 次定型修剪，剪口比第 2 次提高 15～20 厘米。前 2 次要注意压强扶弱、抑中促侧，第 3 次剪平。完成定型修剪后，每年做一次整形修剪。树冠封行前整成平形，封行后再过渡为弧形，采用先平后弧法整形，以加速树幅增宽。整形修剪宜用修剪机进行，封行前用平形修剪机，封行后用弧形修剪机。最终控制树高 70～90 厘米，覆盖度 80% 以上。3 足龄前或移栽后 2 年内严禁采茶，以后可配合修剪年打顶养蓬 2～4 次，即待新梢快形成驻芽时留下 1～3 叶，摘去顶端以促分枝，并严格掌握采高留低、打顶护边等原则。5 足龄后视茶树长势长相可相继进入正常留新叶采摘或留新叶与留鱼叶相结合的采摘法。机采茶树在整形修剪期间，树冠未封行时用平形采茶机采摘，树冠封行后随着树冠向弧形过渡，改用弧形采茶机采摘。

4.4　施肥　茶树种植后，每隔 1～2 年施一次基肥，秋季封园后，及早在行间中心部位开沟施入，基肥以每 667 平方米施有机肥 5～10 吨、茶叶专用复合肥或磷钾肥 50 千克为宜。每年分别在 3 月中下旬、5 月上旬、7 月中下旬施 3 次追肥，追肥以速效氮肥为主，追肥量按采摘茶园产量而定。同时，根据茶树生长需要，可叶面喷施进行根外追肥。

4.5　保苗措施　直播茶园出土当年的茶树和移栽后第 1 年的茶树，抗性弱，常因外界条件不适而大量死苗。为此，必须抓住抗旱热、防寒冻的工作，确保全苗。幼树抗旱热的主要措施有促早苗、浇水、除草、蔽阴、地面铺草覆盖等。防寒冻的措施主要有秋培壮苗、灌越冬水、铺草、茶苑培土和地膜覆盖等。幼龄园药杀病虫时应严格控制浓度，防止药害发生。

5　茶叶采摘

5.1　采摘标准　红、绿茶为1芽2～3叶及同等嫩度的对荚叶；黑茶有粗细之分，一般以1芽4～5叶及形成驻芽的新梢为主体；老青茶以形成驻芽的红脚新梢为主体。

5.2　手工采摘　红、绿茶分批多次留叶采，春茶采4～6批，夏茶采6～8批，秋茶采4～5批。标准新梢达20％～30％时开采。边销茶每轮采一次，新梢全部达到标准后开采。

5.3　机械采摘　春茶标准新梢达80％，夏茶标准新梢达60％开采。平地、缓坡地茶园选用双人平形采茶机，成龄茶园选用双人弧形采茶机。山地、窄梯茶园选用单人采茶机。

5.4　鲜叶管理　采摘的鲜叶防止暴晒、紧压和雨淋，及时送往茶厂加工。

壮龄茶园（7～20足龄）规范化栽培技术要点

1　追肥

根据产量来确定追肥施用量。一般每采摘100千克鲜叶追肥20～25千克茶叶专用复合肥。

2　修剪

壮龄茶树的修剪形状以弧形为佳，可扩大采摘面积。

2.1　轻修剪　于春茶前进行，每年进行1次。修剪程度为采摘面下剪除3～5厘米或剪除突出树冠面的枝梢。机采茶树的轻修剪是保证鲜叶净度的关键，在技术上要求平整规格。同时应在行间剪出 20～30 厘米宽的操作间隙。手采茶树可用修剪机作轻修剪。

2.2 深修剪 于春茶前或春茶后进行，每隔 5～6 年进行 1 次。修剪程度为从采摘面剪下 15～20 厘米，即剪除全部的鸡爪枝层。深修剪可用修剪机或篙剪进行。

3 土壤管理

每年结合追肥进行 3～4 次浅耕除草，秋末进行一次深耕，覆盖度大的茶树不必年年深耕。不种植间作物。

老龄茶园（20 足龄以上）规范化栽培技术要点

1 基本要求

以改树改土为中心，复壮树势，延长有效经济年龄为目的，因园因树制宜贯彻相应的栽培措施。

2 树冠改造

2.1 重修剪 上部枝叶衰退，骨干枝尚健壮的茶树离地 30～35 厘米进行重修剪。重修剪可用重修剪机，也可用刀割或枝剪进行。要保证剪口平滑，枝桩无裂伤。更新效果可维持 10 年。

2.2 台刈 树体衰退，用重修剪还不能复壮的茶树，离地 5～10 厘米进行台刈。台刈可用茶树台刈机或刀砍。要保证剪口平滑，留桩无裂伤。

3 树体管理

3.1 重修剪后的树体管理 重修剪的当年秋末冬初或翌年早春比重修剪高度提高 10～15 厘米平剪定型，重修剪的第 2 年可打顶养蓬 3～4 次，第 3 年早春再提高 10～15 厘米平剪定型一次，严格执行以留新叶为主的采摘，尔后便可执行正常的整形修剪制度和采摘制度。实行机采的则宜在第 2 年用修剪机整形，并掌握先平形剪、采（树冠封行前）后弧形剪、采（树冠封行后）的原则，选用相应的修剪机和采茶机。

3.2　台刈后的树体管理　台刈的当年秋可适当打顶采一次，翌年上春离地面 25～30 厘米作第一次定型修剪，并适当疏去细瘦枝，以后再行两次定型修剪，并注意第 2 年打顶养蓬采摘 2～3 次，第 3 年严格执行留新叶采摘。尔后执行正常的整形修剪和采摘制度。

4　改良土壤

老龄茶园要在树体改造的当年进行深翻增肥，改良土壤。一般严寒到来之前完成，深度为 60 厘米，每 667 平方米施入 10 吨以上农家有机肥和 50～100 千克茶树专用复合肥或磷钾肥。以后每隔 1～2 年施一次基肥。

5　茶树保护

及时消灭枝干害虫、病原体及苔藓、地衣等其他枝干寄生物，并防治好茶小绿叶蝉等保护新生枝叶。

葛高产栽培技术

葛为多年生野生滕本植物，属蝶形花科、豆属，葛种。作为人工栽培，是近年来兴起的一项新型产业。人工栽培葛，是调整农业产业结构，增加农民收入的有效途径。

葛的价值及发展前景

1　适用性广

葛在土层深厚的山地、坡地、丘岗地到河洲及其他旱作物不能全面适用的土壤都能种植，并能获得较高的产量。

2　营养价值高

据测定，葛根含粗蛋白 9.53%、全磷 0.453%、氧化钾 1.67%、可溶性糖 16%、淀粉 30%、纤维 6.53%。每千克葛粉中含锌 10.5 毫克，且含多种微量元素和氨基酸，是理想的绿色食品。

3　药用效果独特

我国古代《神农经》、《本草纲目》对葛的用途、用法有明确记载；"葛叶主治金疮止血，葛花解酒醒脾，葛谷治下痢、解酒毒，葛根补心清肺、起阴气、解酒毒"，是上乘的延年益寿中药。现代医学认为，食用生葛或葛粉等加工食品，能增加脑及冠状动脉血管的血流量，有降糖、解痉、解热、止渴、治伤寒痢疾的作用。利用葛根提制的葛根素对冠心病、心绞痛有特殊疗效。

4　经济效益可观

在选用良种的基础上落实好栽培技术，据测定，当年种葛每 667 平方米产量可达 2000 千克以上，产值达 5000 元左右。

5 开发前景广阔

随着科学技术的发展、人们物质生活水平和消费水准的提高，对食品的选择，特别是对绿色食品的选用已成潮流。利用葛可加工成果冻、葛粉、葛乳，是真正的绿色食品；加工后的葛渣，经晒干粉碎，是优质饲料。

栽培技术要点

1 培育优质葛苗

葛的育苗繁殖，可用茎、节无性繁殖，在确定繁殖品种后，育苗地不搭架，不整枝。利用葛节不定根发达的特性进行压节培蔸育苗，葛藤长达 10 节以上时，撒细肥土压节，以后每 20～30 天压 1 次，促进不定根发育成小葛或细根。来年移栽时则挖节取苗，每 667 平方米可培育 2 万～3 万株根系完好带有小葛或根系完好有 2 个节的葛苗。

2 适期移栽

葛的移栽从 2～8 月均可进行，但移栽越早，因生长期延长产量越高。以 2～3 月为移栽适期，成活率高。栽葛时，要浅栽，盖土不超过 3.3 厘米，做到小葛平直伸展，节、芽出土，压紧，浇足定根水。移栽后 1 个月内要做好查苗补蔸工作，做到苗齐苗壮。

3 确保栽植密度

葛的产量是由蔸数、每蔸块根数和单块根重构成的。适当增加密度，做到单位面积内有足够的蔸数，块根多、大、重是提高单产的有效措施。在实践中，葛藤地上部分生长繁茂与地下部分块根膨大存在着争光、争肥、争水的矛盾，同时也存在个体发育与群体发育的矛盾。据试验，采用"双行窄株"栽培能较好地解决上述矛盾。即按 1.2 米起垄，每垄双行，行中蔸距控制在 1.0～1.4 米，按不同品种，每 667 平方米分别栽 700～1200 蔸，做到行、蔸交叉，以获得较高产量。

4 深耕垄作

栽葛除选择土层深厚的山、丘岗地外，还要深耕垄作来加深土层。垄作平地宽 1.2～1.4 米、高 0.3～0.4 米，坡地梯化后起垄，垄向以南北向为宜。实践证明，垄作便于排水、防渍抗旱、加厚土层、扩大根系活动范围、扩大受光面积，利于有益微生物活动，对块根形成、膨大和同化物质的积累转运效果明显。同时，对红、黄粉病有很好的抑制作用。

5 科学施肥

葛根、茎发达，枝叶繁茂，需肥多，吸肥力强，特别对磷、钾肥需用较多。因此，在施肥上要做到基肥足、苗肥速、块肥猛。同时以农家肥为主、化肥为辅，化肥以复合肥为好。据试验，在 4 月移栽的新葛园中，每 667 平方米用饼肥 100 千克、猪畜肥 100 担、磷肥 50 千克腐熟后作基肥施下。6～7 月每次用尿素、钾肥各 2.5 千克加入粪尿 100 千克泼施苗肥 2 次。9 月每次用尿素 2.5 千克、钾肥 5 千克加入粪尿 150 千克和 10 月每次用钾肥 5 千克加入粪尿 150 千克施包坯肥 2 次。

6 搭架领苗

搭架可防止藤蔓落地，减少不定根消耗养分：同时使枝叶通风透光，提高光合效能，使块根的膨大集中。搭架可用竹尾、木桩或水泥桩。用竹尾作架，每垄一排，两垄竹尾交叉固定。具体做法是：在苗高 30～50 厘米时，每蔸留健壮苗 1～2 根，苗高 0.8～1 米时就搭架领苗，以后每隔 10～15 天理苗 1 次；苗高 1 米以上留 2～3 个分枝，分枝长 1.8～2

米时，摘除旁心。7～8月葛苗满架后，摘除主心，打掉老叶。注意在搭架领苗前要浅中耕除草1～2次。

7 搞好病虫防治

主要病害有黄粉病、红粉病、纹枯病、黑斑病。虫害有褐绿天蛾、卷叶虫、蚜虫、尺蠖、天牛、吉丁虫、白蚁等。在防治上以农业防治为主，主要办法是：①选用抗病品种。②苗期及时中耕除草，减少荫蔽和草害及病虫滋生场所。③搭架领苗，增施农家肥料，使苗壮苗粗、通风透光。④做好清园工作。⑤在病虫为害严重的情况下，使用高效低毒残留期短的化学农药进行防治。

天麻高产栽培技术

天麻营养丰富，药用价值高，足一种十分名贵的中药材。近几年来，各地涌现了不少栽培天麻的专业户、重点户。但由于利用无性繁殖，其资源少，而用途又广，所产天麻远不能满足市场需求，加上栽培天麻不与其他作物争地、争劳力、争肥，因此，在调整农业产业结构时，栽培天麻不失为一项投资少、见效快，快速致富的好门路。

栽培技术要点

1　场地选择

天麻生长的最适温度为 20℃～25℃，性喜凉爽和湿润的环境。因此，对于场地的选择十分重要。山丘区栽培天麻以坐南朝北的斜坡黄土或泥沙土为佳，这样可减少太阳直射，有利于生长；平原地区可利用树阴、楼房背阴地和室内栽培天麻；有条件的地方，最好利用地下室。用地下室栽培天麻，夏季不用降温，冬季不用防冻，是栽培天麻最理想的场所。

2　种麻选择

种麻质量的好坏，直接关系到天麻的成活率和产量。要选用个体发育完整、无损伤、无病虫害的白麻（10～20克）、米麻作种，不用萎黄、黑点、麻芽及白杂菌感染的天麻作种。一般 1 平方米用种 500 克左右。

3　备材

培育天麻的菌材以黄白梨树、板栗树、尖栗树为最好，桐油树、桎木树、桃树等次之，具有强烈芳香气味的树木不能选用。选直径 5～10 厘米的树干，锯成长 30～50 厘米的段术，每隔 3～5 厘米砍一鱼鳞口，深至木质部，直径 5 厘米左右的砍两面，直径 10 厘米的砍三面。如段木太粗，可劈开。直径 3 厘米以下的树枝可培养菌枝，用于扩大培养菌材，用菌枝培养的菌材杂菌少，菌索生长旺盛。可将树枝截成长 10～15 厘米，两端削成斜面，以扩大接菌面。韧皮部与木质部交界处最适宜蜜环菌生长，为减少段木发芽，应将木材采伐后堆晒 1 个月再培养菌材。

4 培养菌材

菌材的培养方法应根据气候和室内外环境条件而定，主要有地面堆培法、半坑式培养法、坑式培养法、菌床培养法。

4.1 地面堆培法 气温低、湿度大的地方可采用此法。地面先铺一层沙子，然后摆放一层段木，段木间隔 3 厘米左右，用腐殖质土或沙填满间隙，在段木砍口上放 1 块蜜环菌种（或 1 层段木上摆放一层旧菌材），用腐殖质土覆盖，以此方法层层摆放 4～5 层，最上层覆土 10 厘米左右，保持土壤湿润。为防止杂菌污染，以每堆培养 100～200 根菌材为好。

4.2 半坑式培养法 气温、湿度适中的地方采用此法。段木摆放方法同地面堆培法。

4.3 坑式培养法 气温高、干燥地区可采用此法。

4.4 菌床培养法 直接在栽培天麻的场地内进行。其优点是栽培天麻时不移动菌材，避免了在搬运过程中所造成的蜜环菌损失，栽培天麻后使其很快就能和蜜环菌建立共生关系，接菌率高，栽后 1 个月左右就能接好菌。培养固定菌床可以使天麻得到充足的营养。因此，这是目前最好的栽培方法。

5 栽培方法

5.1 窖栽 一般窖长 1.2 米，宽 70～100 厘米，深 35

厘米左右。在窖底先铺一层 5 厘米厚的沙子，然后把段木和菌材间隔 3～5 厘米放在沙子上，用混合沙（沙与锯末按体积 2：1 拌匀）填充空隙，呈半埋状态，然后靠菌材栽下种麻，间距 10～15 厘米，注意头尾相接。小米麻撒于菌材周围即可。栽后覆一层薄沙盖住段木，再按上述方法栽第 2 层，最后覆沙 10～15 厘米，略高出地面，加盖一层树叶等物保温保湿。

5.2 畦栽 一般畦宽 70～100 厘米，深 35 厘米左右，长度不限，栽法同窖栽。

5.3 菌床栽培 如果是 1 层菌材，可将覆土掀去后，不移动菌材，在靠菌材处挖窝按上述方法栽下种麻；若是 2 层菌材，应掀开上层菌材，在下层栽下种麻，再把上层菌材放回，栽下种麻。

5.4 室内栽培 可采用沙堆栽培［用砖砌成（70～100）厘米×120 厘米的框］，也可用竹筐、木箱栽培，方法同上。只要能控制好温度、湿度和通气，同样可获得高产。

也可采用菌材培养与栽种天麻一次性完成的方法，即在挖好的窖坑里按一根老材（带蜜环菌的种材）一根新材交替平放新、老材，再在其沟缝上两头放置麻种，麻种靠近老材，以防止麻种吸收不到老材上蜜环菌的养料而"饿死"；在麻种两头中间放上一些米麻，以繁殖白头麻供来年作麻种。在种麻上面再铺上两层新材，再在上面培土 10～15 厘米，并加盖覆盖物。

天麻种植适期为 2～3 月。

6 管理

6.1 调节温度 春季气温较低，可加盖地膜增温；5 月中旬时气温升高后必须撤去地膜，待 9 月下旬再盖上地膜以延长天麻生长期。夏季高温时，要覆草或搭棚遮阴，控制地温在 28℃以下。

6.2　防旱排涝　春季干旱时，及时浇水、松土，使沙土含水量在 40％左右；夏季 6～8 月，天麻生长旺盛，需水量加大，要保持沙土含水量达 50％～60％；雨季，要开挖排水沟，防止渍水淹死天麻；9～10 月，天麻生长缓慢，为防止蜜环菌快速生长进一步深入天麻内层引起麻体腐烂，要特别注意防涝。

6.3　病虫害防治　天麻的病害主要是杂菌感染造成天麻块茎腐烂。杂菌菌丝呈绿、黄、白等颜色，不易形成根状菌索，很容易识别，因此发现时要立即清除。防治方法是：选用蜜环菌菌索旺盛而无杂菌的菌材；培养菌材时加大用种量，造成蜜环菌生长优势，以抑制杂菌；栽培天麻用的沙土要干净，并在收获翻栽时更换；菌材使用 2～3 年后要全部更换；浇水均匀，调节好温度、湿度；栽种前用石灰或其他杀菌剂和杀虫剂处理栽培场地。虫害主要有蝼蛄和蛴螬，可用 50％的氯丹 500 克、炒香的麦麸 25 千克加水 7.5 千克拌和后，在傍晚撒于地表诱杀蝼蛄。防治蛴螬，在栽种前用 50％的辛硫磷乳油加水 30 倍喷于地面再翻于土中，或在生长期用该药 800 倍液浇灌。同时，要防止人畜和老鼠、鸟类损坏麻窖，如有损坏，应及时培土恢复原状。

7　收获、贮藏、加工

7.1　收获　天麻在休眠期采收药效高，一般宜在 10 月底或翌年 2～3 月收获（可边收边栽）。收获时要轻拿轻放。收获后的箭麻加工入药，白麻、米麻作种。一般 1 平方米可产鲜天麻 7.5～12.5 千克，其中箭麻占 70％，白麻和米麻占 30％。

7.2　贮藏　收获后，选优质白麻和米麻晾 1～2 天后放入木箱或窖内，一层层摆放，麻间留缝隙，不能紧靠，每层之间用沙土隔开，摆 4～5 层。温度控制在 1℃～5℃，湿度控制在 25%～30%，贮藏期间要经常观察温度和湿度的变化。

7.3 加工 先根据天麻重量分级，150 克以上的为 1 级，75～150 克的为 2 级，75 克以下的为 3 级。然后用水洗净，蒸煮，以杀死天麻体内的溶菌酶。水开后，把天麻按不同等级倒入水中，放少量明矾（每 10 千克天麻加 200 克）。1 级的煮 10～15 分钟，2 级的煮 7～10 分钟，3 级的煮 5～9 分钟。从暗处往亮处看没有黑心，或折断一个天麻检查，白心只占天麻直径的 1/5 即可出锅。煮得过软会影响折干率，也影响药效。天麻煮好后放入熏房，用硫磺熏 20～30 分钟。方法是：用 20% 的硫磺加 80% 的黄泥用水调匀，制成鸡蛋状放于木炭火上即可。经熏过的天麻色泽白净，质量好，并可防虫蛀。然后再烘干或晒干，当干至 7～8 成时用手压扁，再至全干。一般 5 千克鲜天麻可出 1 千克干品。

8 天麻有性繁殖栽培技术

有性繁殖即种子繁殖，这是目前最先进的栽培技术，可得到生长势强、抗逆性强的一代种麻，因而可大幅度提高天麻产量。

8.1 准备工作 1 平方米需直径 5～10 厘米、长 30～50 厘米的段木 20 根，在段木两侧每隔 5 厘米左右砍一鱼鳞口，用湿沙培好备用。用干段木树叶 2 千克，栽培前用水浸泡。1 立方米河沙，1 麻袋锯末（不限树种），可栽培 5 平方米。河沙、锯末按 2∶1 拌匀，含水量 50%（用手握能成团）。

8.2 栽培时间 6～7 月。

8.3 操作方法 先在地面铺 5 厘米厚纯沙（水泥地面铺 10 厘米）后，铺 2 厘米厚树叶，然后取 1 份种子的 1/2 撒匀，接着每隔 5 厘米摆 1 根段木，在每根段木的一侧摆菌枝 3～4 根，并用混合沙填实覆盖，再按上述方法种第 2 层，最后覆盖 10 厘米厚混合沙。此外，也可用菌材和段木间隔摆放栽培。一般每平方米可产 15 千克鲜天麻，箭麻占 30％，白麻和米麻占 70％。生产的白麻和米麻即可按无性繁殖方法栽培天麻。

灵芝高产栽培技术

灵芝是一种著名的药用菌，又名灵芝草、仙草，是一种十分珍贵的中药材。国内外市场需求量越来越大。用它生产的药品和保健食品达 40 多种，在人们的医疗、保健方面发挥着重要作用。因此，不失时机地利用有利的人力、物力资源，大力发展灵芝生产，无疑是振兴地区经济，增加农民收入，扩大出口换汇的一个朝阳产业。

栽培技术要点

1 灵芝的生活条件

1.1 营养 灵芝是木质腐生菌，在生长发育过程中需要大量的碳源、氮源、矿质元素（无机盐）及生长素。碳源主要以葡萄糖、蔗糖、麦芽糖、淀粉、木质素、纤维素为主。氮源以蛋白质、蛋白胨、氨基酸等有机氮为主。生长发育过程中所需的硫、磷、钙、钾、铁、镁、锌等微量元素和维生素，除母种培养基和深层培养液需添加以外，因自来水和栽培料中已含有足够的这类物质，一般不需添加。

1.2 温度 灵芝是高温型真菌，菌丝生长最适温度为 25℃～28℃，子实体在 25℃～30℃生长发育较好。因此，可以把菌丝的发育与子实体的繁殖放在同一室内进行。

1.3 水分和湿度 人工栽培灵芝，培养料的适宜水分为 65％左右。水分过高，菌丝生长受到抑制；水分过低，培养料太干，菌丝难以萌发形成子实体。菌丝培养阶段，空气相对湿度 60％～70％为宜。子实体（菇体）生长发育阶段，要求空气相对湿度为 $85\% \sim 90\%$。

1.4 空气 灵芝是好气性菌类，要求有足够的新鲜空气才能正常生长发育。通风不良，含氧量不足时，子实体不易分化成菌盖，只长菌柄，并形成多分枝的鹿角芝，使子实体畸形。

1.5 光照 灵芝的菌丝体生长不需要光照，强光反而会抑制其生长。子实体生长需要适量的散射光或反射光，光照过强不利于子实体生长，黑暗条件下子实体原基分化不良，易造成畸形。

1.6 酸碱度 灵芝喜爱偏酸性基质，培养基的 pH 值在 $5 \sim 6$ 时生长最好。

2 灵芝生产的材料

灵芝生产的原材料十分丰富，种类繁多。为确保生产出高产优质的灵芝，要根据不同原材料的营养成分来合理科学地配制。

主要原料有木屑和农作物秸秆。木屑：一般除松、杉、樟、苦楝等树种的木屑外，其他树种木屑均可作为灵芝生产的主要原料。农作物秸秆：棉籽壳是一种广泛使用且较理想的培养料，甘蔗渣、玉米芯、高粱秆、豆秆、棉秆、稻草等都可以粉碎作主料配合棉籽壳和木屑等使用。

辅助原料有：麦麸、米糠、石膏等。

3 灵芝的栽培技术

灵芝的栽培方法有多种，主要有瓶栽、袋栽、段木栽培、短段木生料覆土栽培、短段木熟料栽培等。另外还有露地栽培、树桩栽培、麦秸阳畦式栽培、快速栽培等多种方法。现主要介绍灵芝的袋栽技术。

3.1 栽培季节安排 湖南省一般在 5 月至 7 月上旬和 9 月至 11 月上旬生产两季灵芝。

3.2 培养料的配制　栽培灵芝的培养料配方，可根据不同地区原材料的情况来确定，主要有以下几种：①杂木屑78%、麦麸（米糠）20%、石膏1%、过磷酸钙1%。②棉籽壳78%、麦麸（米糠）20%、石膏1%、过磷酸钙1%。③甘蔗渣70%、米糠（麦麸）28%、石膏1%、过磷酸钙1%。④杂木屑65%、稻草18%、麦麸15%、石膏1%、过磷酸钙1%。⑤杂木屑40%、棉籽壳40%、麦麸15%、玉米粉3%、石膏1%、过磷酸钙1%。配制时，每100千克干料另加0.1千克磷酸二氢钾充分拌匀，保证水分含量65%左右。

3.3 装袋　培养料配制好以后，用17厘米×35厘米×0.04厘米规格的低聚乙烯或高压聚丙烯塑料袋装料，边装边压实，不留空隙，袋口约留10厘米长，以便套环封口。外用宽18厘米、厚0.015厘米的聚乙烯筒膜剪成58~62厘米长的外套袋。

3.4 灭菌与接种　将袋料置于灭菌锅中，达100℃保持12~15小时。灭菌后取出灭菌袋进行冷却，冷却到30℃以下时，按照无菌接种方式放入无菌接种箱内接种，方法是将袋子并排均匀打4个小孔接入相当于料重10%的菌种。

3.5 菌丝培养　接种后的菌袋放入筐或置于培养架上发菌，前期保持黑暗培养，以促进菌丝生长，后期给予适当光照，以利于原基的形成。注意保持菌袋温度在1℃~30℃之间，以利菌丝快速生长。

3.6 结芝期管理　菌丝长满后，应继续给予光照，促进子实体形成。将菌袋一排排堆码起来，一端去掉套环盖，在另一端（底端）正中央用刀片划1.5厘米见方的十字口，倒放堆码出灵芝。6~7天后，子实体原基伸出袋口，逐渐长成菌柄和菌盖，这时温度应控制在26℃~28℃，相对湿度保持85%~90%，每天向子实体及培养室喷水3~4次，并昼夜不开通风窗；晴天温度太高时，应打开通风窗降温，但须保证相对湿度。注意喷水时，子实体必须在 6 成熟以上。

3.7　及时采收　当灵芝菌盖的白色生长圈基本消失，菌盖呈红褐色，在菌盖背面隐约可见咖啡色孢子粉时，表明灵芝已成熟，即可采收。采收后，应停止喷水 2～3 天，接下来的管理同上，一般可采收 3 批。

3.8　划分等级　菌盖直径 8～15 厘米，厚度 1 厘米以上，单朵重 30 克以上的为 1 级；菌盖直径 5～8 厘米，厚度 1 厘米以上，单朵重 15～30 克的为 2 级；菌盖直径 3～5 厘米，厚度 0.6 厘米以上，单朵重 6～15 克的为 3 级；菌盖直径 3 厘米以下的及畸形芝为等外品。

3.9　熏蒸加工　用塑料薄膜、铁丝、竹竿做成正方形密封帐篷，按灵芝重量的 0.5% 秤取磷化铝引燃，将灵芝放入进行熏蒸，熏蒸后密闭 24 小时，随后打开帐篷除毒气 48 小时，一般每月熏蒸 1 次。

黄姜人工高产栽培技术

黄姜，学名叫盾叶薯蓣，系多年生草质藤本植物。因其形状像姜，断面呈菊黄色，故又称黄姜。其生长特性为喜阳、喜沙、喜钾、怕渍、怕草、怕无依托。人工栽培黄姜，是农业产业结构调整中增加农民收入的一条好门路。

栽培技术要点

1 选择适宜土壤

黄姜的人工栽培，要求土壤质地疏松、土层深厚、通气性能好、排水性能好、腐殖质含量高。具体来说，以海拔600米以下、坡度25°～30°、含沙40%左右的朝阳沙质土壤（如黄沙土、黑沙土、小沙土、冲积土、菜园土等）为好。青夹泥、大眼泥、羊屎泥、板结土和背阴土等不能种植黄姜。

2 整地作垄

新垦地种植黄姜，要在8～9月砍畲炼山，10～11月垦地，挖尽根蔸，捡尽杂草。要求土层深度25厘米左右。12月整地分厢作垄。垄宽1.1～1.2米，垄高20厘米。垄与垄之间留25厘米宽左右用作工作行。分厢作垄方法为横向（南北向）。陈土必须在播种前15天左右整土作垄。

3 施足基肥

基肥施用数量、质量好坏，是黄姜高产丰收的重要环节。一般每667平方米施干细火土灰20～30担、发酵的猪牛粪5～10担、磷肥25千克、硫酸钾20千克。整地时将土肥充分混合。

4 选种

选种是高产丰收的关键。种姜的标准是：健康无病虫，断面呈菊黄色，根系发达，芽头饱满的嫩姜。绝对不要用"光头姜"、干瘪老皮姜和脱皮烂肉姜作种。种姜选好后，放在通风透光的室内堆放，堆放厚度不超过 1 米，种姜上面用薄草或薄土覆盖，保持湿润。切忌堆放在火炕楼板上或露天坪里。

5 播种

5.1 播种时间 分冬播（12 月）和春播（2～3 月）两种，以春分前后播种为最佳时期。

5.2 播种方法 穴播与条播。穴播：挖穴深 13～16 厘米，先放肥料、盖薄土，再放种姜，芽头向上。每蔸播种姜 20 克左右，种姜与肥料不能直接接触。每垄播 4 行，行距 25～30 厘米，株距 20～25 厘米。播种后，种姜盖土 3 厘米，不能浅盖，更不能让种姜外露。每 667 平方米播种 6000～8000 蔸。条播：横向开沟，沟深 13～16 厘米，株行距与穴播相同。坡土操作要从土的下端向上栽播，不可从上到下栽播。

6 插签

黄姜要 100% 的插签。冬季备好签子，每 667 平方米备竹签或柴棍子（不能用管竹、竹尖、竹片等）3000 根以上，签长 1.5 米。每两蔸黄姜共一根签子，边播种，边插签，签子插入深度在 15 厘米以上，要插稳插牢。插签最好插捆尖签，即用塑料袋或棕叶等将 4 根签子尖端捆紧在一起相互支撑，有利抗风防倒伏。

7 加强培管

7.1 查苗补种 待姜苗出齐后，要逐厢检查，发现缺蔸时，立即补种，保证全苗。

7.2 扶苗上签 姜苗出土后附签缠绕而上，但有些苗仍蜷伏在地面，必须及时扶苗上签，不使藤蔓落土而相互交织。每次大风大雨过后，要进行检查，发现倒签要扶正插牢，发现断签应及时更换。

7.3 及时除草 杂草是黄姜生产的大敌，务必除早、除小、除了，多次除，反复除，做到土中处处无杂草。绝对不能有"草荒苗"现要

7.4 科学追肥 根据姜苗生长的好坏，看苗追肥。一般要求追肥 2 次，第 1 次在 5 月，每 667 平方米追施尿素 10 千克，促进姜苗快长、长壮。第 2 次在 7 月，每 667 平方米追施硫酸钾 15 千克，促进块茎膨大，提高单产。

7.5 防止生畜残害及人工损坏姜苗。

8 防治病虫

黄姜的病害主要是叶斑病、疫病、茎枯病，在高温高湿的条件下易发生、蔓延。一般在 6 月出现，扩展迅猛。因此，要立足于防、早防早治、防治结合。一般在 6 月每 667 平方米用甲基托布津 1 包加水 60 千克喷雾，选择晴天上午露水干后，将药液均匀喷洒在叶、茎、枝的正反面。对已发病的，7 天后再喷 1 次；也可用多菌灵 200 克对水 60 千克均匀喷洒。黄姜的虫害主要有斜纹夜蛾、粉虱等，要勤检查。出现虫害，立即药杀。每 667 平方米用敌杀死 6 支对水 60 千克均匀喷洒在叶、茎、枝上。

9 采挖加工

立冬后，选择晴天采挖黄姜，把泥土洗净，加工成黄姜片，厚度 0.3～0.4 厘米，只许晒干或阴干，绝不可用火烘干，含水量控制在 17% 以下。

畜禽水产养殖

瘦肉型猪生产技术

商品瘦肉型猪按上市体重可分为乳猪、中猪和肥猪。中猪的标准体重为 43 千克，肥猪体重为 90 千克。体重达标，体形好，体质壮实，后臀丰满的商品瘦肉型猪深受港澳市场和海外市场青睐。因此，组织瘦肉型猪生产，形成瘦肉型猪产业，对优化农业产业结构，增加农民收入意义重大。如何生产出数量多、质量优的瘦肉型猪，以尽可能少的成本获得尽可能多的效益呢？必须全面掌握科学合理的瘦肉型猪生产技术。

1　选择瘦肉型猪生产的理想杂交组合

商品瘦肉型猪生产的关键技术之一是选择理想的杂交组合，即在现有优良瘦肉型猪品种中选择不同的品种作为父本和母本，开展两品种或三品种杂交。通过杂交，生产出具备多个品种优良生产性能的商品瘦肉型猪。实践证明，适合湖南省推广应用的理想生猪杂交组合是"杜×长·大"和"杜×大·长"，即由有规模的种畜场饲养长白猪、大约克猪等纯种公猪和纯种母猪，通过两品种杂交，生产大·长或长·大杂交猪。其中的母猪选留，作为母猪留蓄，饲养到适合配种年龄，再用杜洛克公猪配种，所产仔猪即为"杜×长·大"或"杜×大·长"三元杂交猪。对三元杂交猪科学合理地饲养，即可生产出优质商品瘦肉型猪。

2　后备母猪的饲养管理

养猪户从当地种畜场选购 30～50 千克的小母猪饲养到初次配种前是后备母猪的培育阶段。此阶段重点是加强饲养管理，培育出体格健壮、发育良好、具有品种典型特征和高度种用价值的种猪。

2.1　日粮全价，限量饲喂

后备母猪必须饲喂全价配合饲料，其营养水平一般采用前高后低。以配合饲料中的消化能与粗蛋白含量为例，20～35 千克的后备母猪日粮分别为 12.55 兆焦和 16%；35～60 千克的后备母猪日粮分别为 12.34 兆焦和 14%；60～90 千克的后备母猪日粮分别为 12.1 兆焦和 13%。后备母猪的日粮用量要控制。体重在 80 千克以前，日喂饲料量为体重的 2.5%～3%；体重达到 80 千克以后，日喂饲料量为体重的 2%～2.5%。并适当饲喂优质青饲料。后备母猪不能过肥，更不能过瘦，以免发生繁殖障碍。大长、长大杂交母猪 6 月龄体重应控制在 90 千克以内，7～8 月龄体重控制在 100～120 千克。

2.2　分群饲养，加强运动

后备母猪不需单栏饲养，但要按体重大小分群饲养（每栏可养 4～6 头）。后备母猪舍应设运动场，供猪自由运动。有条件的可在夏秋季节进行放牧饲养，以促进后备母猪躯体、四肢匀称，均衡发育。

2.3　严格配合饲料的原料组成，确保饲料品质

从引进后备母猪阶段开始，所用配合饲料应严禁使用未去毒的菜籽饼、棉饼等含毒类饼粕；自行配制母猪饲料时，每次不要配制太多，最多一次配制一周的饲料量，以免饲料因使用时间过长造成营养损失或品质变坏。

3　生产母猪的饲养管理

3.1　空怀母猪的饲养管理

空怀母猪分为初配母猪和经产母猪两类，其饲养管理应当区别对待。初配母猪本身尚处于生长发育阶段，同时又是

性功能成熟阶段，日粮应同时考虑母猪自身的生长需要和繁殖需要。其初配年龄应在 8～9 月龄、体重 100 千克以上。初次发情的母猪不要急于配种，等到 2～3 次发情时配种为最好。经产空怀母猪应加强营养，恢复体质，迅速增膘。一般要求日粮中粗蛋白质含量在 15％以上。并补充多种维生素，以防止因缺乏维生素 A 和维生素 E 导致繁殖障碍。推荐饲料配方为：玉米 45％、豆饼 10％、麦麸 13％、稻谷粉 26％、预混料 4％、骨粉 1.5％、食盐 0.5％。并搭配优质青饲料。空怀母猪的一般饲养管理原则和主要技术措施有：

① 保持栏舍清洁干燥，注意保暖和防暑。

② 合理饲喂，保持 7～8 成膘情。

③ 配种前 2～4 周用阿维菌素（0.3 毫克/千克体重）驱除体内外寄生虫，配种后增膘和保胎。

④ 勤观察、勤记录，掌握母猪发情情况，做到适时配种。为提高受胎率和产仔数，可采取重复配种，即用同一头公猪或其精液先后配种 2 次。一般在发情开始后 20～30 小时配 1 次，间隔 8～12 小时再配 1 次。

母猪配种后，经一个发情周期（18～25 天）未见发情，并表现为性情温驯、贪睡、食量增加、皮毛发亮、尾巴自然下垂，即说明已怀孕。否则，属未怀孕，应及时采取措施，防止空怀。

3.2　妊娠母猪的饲养管理

3.2.1　妊娠期间饲养管理的主要任务　保证胎儿在母体内正常发育，防止流产；生产数量多、健壮、生活力强、初生重大的仔猪，并保证母猪有中等体况。

3.2.2　妊娠母猪的营养需要　要求保证母猪在妊娠期间正常地增重和胎儿正常生长发育。妊娠前期（配种至 80 天）应注意饲料质量。饲料要新鲜，并应供给充足的青绿饲料；妊娠后期（81～110 天）应供给高蛋白、高能量的优质全价配合饲料，为胎儿生长发育提供营养，并为哺乳做好营养储备。

3.2.3 妊娠母猪的管理　禁止鞭打、惊吓；保持适量运动；产前 21 天左右注射 K88 或 K99 疫苗；产前 5～7 天适当减少精料喂量，适量增加青绿、多叶饲料。妊娠后期可按以下配方配制饲料：玉米 50％、豆饼 20％、麦麸 16％、稻谷粉 8％、预混料 4％、骨粉 1.5％、食盐 0.5％。并补充适量青饲料。

3.2.4 分娩与管理　妊娠母猪按预产期提前 1 周转入分娩母猪舍的分娩栏内准备分娩产仔，转栏前应将栏舍清扫消毒，可用"保疫杀"、"百毒杀"、"消毒净"等喷雾。寒冷季节产房要保温，酷暑季节要防暑降温。当母猪出现阵痛，应开始派专人看护，发现问题及时处理。母猪正常分娩时间多为夜间，从开始产仔到最后一头仔猪产出，一般需 2～3 小时。仔猪全部产出后隔 20～60 分钟排出胎衣，如超过 4 小时仍未排出胎衣，可用垂体后叶素肌内注射，促胎衣排出。母猪分娩前后各 7 天，每餐将 50 克"嘉两头"混于饲料中拌匀饲喂，可使出生乳猪多活 1 头。

3.3 哺乳母猪的饲养管理

3.3.1 饲养哺乳母猪的原则　一方面尽量保持较高的泌乳量，而且体内营养不能消耗太多，以保证仔猪在哺乳期间的最大增重；另一方面使仔猪断奶后，母猪能正常地发情配种，为下一胎繁殖生长保持基本体况。

3.3.2 哺乳期母猪日粮的营养水平　消化能 12.5 兆焦/千克、粗蛋白质 17％、钙 0.65％、磷 0.45％、赖氨酸 0.95％、蛋氨酸＋胱氨酸 0.65％、苏氨酸 0.65％、异亮氨酸 0.70％。可按以下配方配制饲料：玉米 48％、豆饼 20％、麦麸 15％、稻谷粉 11％、预混料 4％、骨粉 1.4％、食盐 0.6％。并补充部分青饲料。

3.3.3 泌乳母猪的管理　母猪分娩后 1 周内，体质虚弱，产后 2～3 天内不可多喂饲料，一般按正常的 1/3～1/2 饲喂，并喂给少量鲜嫩青饲料，以促进母猪食欲；分娩后 4～6 天改喂哺乳母猪料，按日喂量的 1/2～2/3 饲喂；分娩 7 天后按正常饲料量饲喂母猪。产仔后还应经常检查母猪乳房有无炎症，有没有被仔猪咬伤，并保证充足清洁的饮水，舍内做到冬暖夏凉，确保母仔平安。

4　哺乳仔猪的饲养管理与早期断奶

4.1　抓乳食，过好初生关

首先是要固定乳头，吃好初乳。因母猪分娩后 5～7 天内分泌的乳汁含免疫抗体，各种营养全面，是仔猪不可缺少或取代的食物。因此，初生仔猪应由弱而强、由前至后，尽快人为分配乳头，建立仔猪吸乳位置，让仔猪吃好初乳。其次要加强保温，防冻防压。最好是制作专用的保温护仔箱，一般规格是长 100～120 厘米、高 50 厘米、宽 60～70 厘米，箱的侧面开一小门〔（30～32）厘米×（25～28）厘米〕，箱内垫 10 厘米厚的垫料（如稻草等），并安装一个红外线灯提供热源。

4.2　抓开食，过好补料关

仔猪出生后 3 日龄左右，每头每天用 10％的硫酸铜溶液 10 毫升饲喂补铜，连用 3 天；并每头肌内注射牲血素 1 毫升补铁。3～5 日龄后设置饮水槽或自动饮水器，供仔猪自由饮用。7 日龄起初喂营养水平与母猪接近的优质乳猪颗粒料，每天喂 3～4 次。

4.3 及时断奶

当仔猪能够充分采食饲料，健壮无病，体重达 8 千克左右时，应及时断奶。这一时间大致为 4～5 周龄。

5 幼猪阶段的饲养

仔猪断奶后即进入幼猪阶段。幼猪阶段是瘦肉型猪生长速度最快的时期，也是养殖者获得最终经济效益的关键时期。实践证明，幼猪阶段的饲养要分前后两期：断奶至 20 千克体重（约 9 周龄）为前期。前期仍然应饲喂乳猪饲料；同时，在仔猪断奶一周后，要按仔猪个体大小、强弱并群分栏，争取做到同栏猪个体重相差不超过 1.5 千克（避免仔猪争位斗架）。并要在转群前用"阿维菌素"或"阿嘉乐"按每千克体重用 0.3 毫克混入饲料饲喂，驱除体内和体外寄生虫。体重满 20～50 千克为后期。后期应用后期饲料饲喂。其饲料营养含量为：消化能 12.5 兆焦/千克，粗蛋白 16.5%、赖氨酸 0.85%、蛋氨酸＋胱氨酸 0.5%、苏氨酸 0.5%、钙 0.85%、磷 0.6%。并要求适口性好，价廉物美。饲喂方式采用干料饲喂，自由采食。幼猪由前期进入后期时，更换饲料切忌突然，要逐步进行。即第一天将原饲料减少 10%～15%，加 10%～15% 的新饲料混饲喂，第二天原饲料减少 20%～25%，加 20%～25% 的新饲料混饲喂，直到全部饲喂新饲料为止。

6 肥育猪的饲养

50～90 千克为肥育阶段，可选择如下配方配制饲料饲养：预混料 4%、玉米 50%、麦麸 15%、豆粕 16%、稻谷粉 13%、骨粉 1.5%、食盐 0.5%。

7 防疫与保健

7.1 猪场设计时应考虑到便于防疫，每栋猪舍的进口处必须设置消毒池，防止疫病传入。

7.2 饲养员应经常巡视，观察猪的食欲、精神和粪尿等情况，如有异常，及时采取相应措施。并应定期对猪舍及用具进行消毒。

7.3 建立科学严密的免疫程序。免疫程序为：20～25 日龄口服仔猪副伤寒菌苗，注射猪瘟疫苗；35 日龄以上肌内注射口蹄疫疫苗；60～65 日龄加强一次猪瘟免疫疫苗；70 日龄左右注射丹肺二联苗；初配母猪配种前一个月注射细小病毒苗；所有生产母猪分娩前 2～3 周注射或口服 K88、K99 疫苗，预防仔猪黄白痢。生产猪群每年春季注射一次猪瘟疫苗，夏季注射一次猪肺疫、猪丹毒二联苗，秋季注射一次传染性胃肠炎苗。

7.4 控制寄生虫感染。寄生虫对于猪场来说是一种不可小视的隐性为害。耗料不长猪或猪生长缓慢，严重影响猪场经济效益。因此应定期驱虫。生产猪群每年应驱虫 4 次。可以用"阿维菌素"、"阿嘉乐"按每千克体重 0.3 毫克的用量加入饲料中饲喂。但应注意母猪配种后 20 天内、临产前25 天不要驱虫。新购进的猪只应连续两次驱虫，两次驱虫间隔时间为 1～2 周；商品猪在断奶转群前驱虫一次，育成阶段驱虫一次，驱虫方法与前面所讲方法相同。

杂交肉牛生产技术

牛肉因胆固醇含量低，营养丰富，既是健康肉食，又是富民肉食。随着人民生活水平的进一步提高和我国顺利加入世界贸易组织，牛肉的内外需求量将大幅增长，且价格稳升不降。因此，充分利用自然资源，开展杂交肉牛生产，培育肉牛产业，意义重大，刻不容缓。业内人士认为，几年之后牛肉及其制品将形成较大市场，肉牛养殖前景广阔。

1 肉牛生产的主要技术路线

1.1 对本地黄牛进行品种登记、选育，为杂交肉牛生产提供繁殖母牛。

1.2 引进优良肉牛品种，如澳大利亚的"南德文"、英国的"海福特"、法国的"夏洛来"以及瑞士的"西门塔尔"等肉用牛，合理饲养，作为杂交肉牛生产的公牛。

1.3 采集引进的肉用公牛的精液，为本地发情黄牛配种，生产杂交肉牛。

1.4 建立县级肉牛冷配总站和乡镇品改站，配备液氮罐、显微镜等仪器设备，培训人工授精技术员。

1.5 对现有天然草场轮流垦覆，播种优质牧草。如矮象草和柱花草、多花黑麦草、三叶草等，增加草源，提高产量。

1.6 合理饲养，适时屠宰上市。

2 繁殖母牛的饲养

2.1 饲养方式 丰草季节放牧，枯草季节舍饲。舍饲时，用缰绳将牛拴成一排饲养。每头繁殖母牛平均需要栏舍面积8～9平方米。放牧时，为有效利用草地，要将草地划分成几个牧区，安排好放牧日程。并根据草的生长情况，有计划的轮回放牧。丰草季节要将多余的牧草或种植的饲料作物青贮或晒制干草，以确保冬季舍饲时有充足的粗料。

2.2　饲料　以青粗饲料为主，精饲料为辅。繁殖母牛的目的不在于长肉，而在于让它连年产犊。为此要让其充分采食富含维生素及矿物质的牧草和野草等青粗饲料，提高饲料报酬。如果优质青粗饲料给予比较充分，一般不需要特别给予精饲料。但在分娩前2个月、哺乳期则要增加一些精料作为粗饲料的补充。精料一般用配合饲料。一头体重450千克的繁殖母牛，精料的日补充量大致为1～2千克。配合饲料配方：丰草季节为麦麸30％、玉米20％、米糠49％、食盐0.5％、钙0.5％；枯草季节为麦麸30％、玉米20％、米糠39％、豆粕10％、食盐0.5％、钙0.5％。繁殖母牛在舍饲状态下一般每天只喂2次，即日出前后喂1次，日落前后喂1次。

2.3　饮水　舍饲时应设自动给水槽或虹吸式水槽，经常保持槽内有一定的水，让牛自由饮用，并应保持水源清洁。放牧时应在草场内设置饮水处，饮水处因牛经常践踏造成地面泥泞，因此，最好用混凝土或木板铺装地面。

2.4　防止竞争　多头牛放牧饲养时，牛群中会出现"领头的"强牛，在给予精料时它会欺侮弱牛，不让采食。为了防止争食，在给予精料时，应将牛用绳索固定，待补料完毕后再将绳索松开。

3　繁殖母牛的日常管理

3.1　平常观察　首先是观察健康状况，包括食欲强弱、是否反刍、鼻镜干湿等。食欲强、采食好、反刍正常、鼻镜湿润，说明母牛健康；反之则说明母牛的健康状况不佳。其次是不要错过母牛的发情。要想让母牛连续产犊，关键是准确掌握母牛的发情情况，做到适时配种。母牛发情的外观特征是：兴奋，在牛舍中走来走去，爬跨其他牛，或者被其他牛爬跨时也不厌弃；外阴部肿胀，阴户微开，黏膜充血；由阴户排出有气味的透明黏液。

3.2　运动及日光浴　母牛在舍饲情况下，最好每天都要进行运动和日光浴。建牛舍时，牛舍与运动场要直接连起来。舍饲期间，除雨天外，白天要将其赶到运动场，让母牛运动及接受日光沐浴。炎热的夏季应控制日光照射时间。

3.3　牛体的梳毛去垢　在放牧及露天饲养的情况下，一般不要给母牛梳毛去垢，因为母牛自己可以通过蹭痒把身体弄干净。但舍饲时（特别是冬季），要用稻草把、刷子之类的东西充分梳理牛体，除净其身上的污垢。

3.4　除角　在没有苍蝇、牛虻的时间，最好将牛角用除角器或者锯子除掉，出血时可用烙铁烧结止血。

3.5　削蹄　舍饲母牛需人工削蹄，一般每年1～2次，以确保母牛的体形和正常的行走姿势。放牧及运动较充分的母牛，蹄趾能自然磨损，一般不进行人工修整。

3.6　给母牛创造一个适宜的环境　母牛的最适宜温度是15℃～18℃。因此，夏天应防暑降温，改善牛舍通风条件，每天要清除和更换牛舍垫草，增设遮阴棚，并保证充足干净的饮水；冬天要防寒保暖。牛舍要避风，并给予充足的含纤维素丰富的粗饲料，通过喂饱与避风来抵御严寒。

4　放牧

4.1　放牧方式

放牧就是让牛自由采食草地牧草。放牧方式多种多样，一般采用轮流放牧。即将整个牧区分为几个片，在某一片放牧几天后转移到另一片放牧，待草长起来之后，再回到第一次放牧的地区放牧。放牧时应特别注意草的生长情况。草高在15～20厘米最适放牧。草高超过20厘米，利用率大大降低，30厘米以上的草区应收割贮藏，待再次长起来之后再放牧。在一个牧区的放牧天数以3～4天为宜，最多不超过6天。5～6月牧草生长最快，割后15～20天草就可以长到20

厘米左右，因此应注意调整放牧时间。

4.2 放牧时注意事项

①建立准放牧制度 从放牧前1周，最好只在中午将牛赶出牛舍，并割一些青草让牛充分采食，使之逐渐适应外界环境。未经放牧过的牛，最好经过一个月这样的训练之后再开始放牧。

②补料 青草是放牧牛饲料的主体，但应补充食盐和微量元素。可简单地搭个棚子，放上盐槽或牛羊专用的"舔砖"，让牛自由舔食。在幼嫩草地放牧时容易出现粗纤维不足，可将稻草切为三段，放进设置的草架内，让牛自由采食。

5 繁殖母牛分娩前后的饲养管理

5.1 预产期的推算及分娩准备

黄牛的妊娠期为285天，预产期的推算方法是配种月份数减三、日数加十，如4月8日配种，预产期为次年的1月18日。临近预产期，应清扫产房，进行消毒，牛床要充分铺垫褥草，保持产房干燥。预产日前一个月停止放牧，进行舍饲。日粮按妊娠牛的日粮标准给予。

5.2 分娩前后的饲料给予

临产前3~5天适当控制精料量，充分给予优质干草以防乳房过于膨大。分娩后不要急速增加精料，应让母牛充分采食优质干草及牧草。从分娩后4~5天起，逐渐增加精料量，15~20天达到最高量，这个量约保持2个月，然后适当控制精料投喂量。精料的最高日投喂量应控制在2千克以下。

5.3 分娩处理与护理

当母牛开始阵痛、表现烦躁不安时，应尽量保持产房安静，由经常与母牛接触的饲养员进入产房监视分娩。如果胎位正常，待其自然产出。当胎儿产出后脐带不断时，应用经过消毒的丝线把脐带根部扎紧，然后在离根部5厘米处切断，用红药水消毒。断脐后，除去胎儿身上的胎膜，擦干胎儿，称一下出生时胎儿的体重，并做好记录。分娩后母牛口渴，应充分喂给温水，在温水中掺些麦麸以恢复母牛的体力。分娩后大约一周之内母牛分泌的浮汁称之为初乳，应尽早让犊牛吃到初乳，以增强犊牛对疾病的抵抗力和促进胎便排出。

5.4 分娩后的配种

一般母牛在分娩后 40 天左右发情，最快的在 20 天左右就可发情，晚的也有超过 100 天的，平均为 60 天左右。为了尽量做到每年产一犊，就应保证母牛在分娩后 80 天内受胎，因此母牛在分娩后 30 天以上的发情均应及时授精配种使之早日怀胎。

6 初生到断奶牛的饲养管理

6.1 原则 不可过肥，不可营养不足。犊牛过肥或过瘦均会影响今后的生长发育，不利于生产潜力的充分发挥。

6.2 饲料与饲喂 犊牛一出生就必须摄取营养，并且逐日增多，而母牛的泌乳量在产后 20 天左右达到高峰值后便逐渐减少，20 天后犊牛对乳的需要量与母牛的泌乳量发生矛盾，因此分娩后 1～2 月龄的犊牛除吃母乳外，还必须增加优质精料。精料可以按以下配方配制：玉米 20%、麦麸 30%，米糠 30%、豆粕 18%、食盐 2%。精料每头每天的给予标准为：1 月龄少量、2 月龄 0.5 千克、3 月龄 0.8～1 千克、4 月龄 1.2～1.5 千克、5 月龄 1.6～2 千克、6 月龄 2.0～2.5 千克。犊牛可在出生后三周到一个月开始放牧。

6.3 断奶 犊牛 6 月龄时应断奶，以免降低母牛的繁殖成绩，缩短母牛的使用年限。断奶前应做好两件事：一是对犊牛进行单独饲喂训练，使其充分采食精、粗饲料；二是从断奶前一周起，应停止给予母牛精料，只喂粗饲料、干草或者稻草，以减少母牛泌乳量。做好上述准备之后，就可以将母牛和犊牛分开饲喂。断奶后一周时间内母牛和犊牛会互相呼叫，以后便逐渐停止。断奶时，要防止母牛患乳房炎。

断奶后的较长一段时间内母子最好隔开饲养，不要同群放牧。

6.4 犊牛的疾病防治　犊牛的疾病多数是下痢。0～4周龄下痢由犊牛白痢引起。60日龄左右下痢多由球虫病引起。要做到早发现、早治疗。

7 杂交肉牛的肥育

7.1 杂交肉牛的特点　一是生长速度快，屠宰率、出肉率高。以南德文公牛与本地黄牛的杂交后代为例。杂交肉牛的生长速度比本地黄牛快2倍以上。一岁以内的杂交牛日增重平均可达0.8千克，一岁以上两岁以下的杂交牛日增重平均可达1.1～1.4千克。两岁活重为500千克的杂交牛屠宰率达58.5%，出肉率为49%，分别比本地黄牛高30%～40%。二是养殖效益好。本地黄牛经人工授精选配南德文公牛，所产杂交肉牛初生重25千克左右，一岁体重达300千克，比本地黄牛大1倍，农民养一头一岁的杂交肉牛比养一头同龄本地黄牛可多收入500～800元。

7.2 杂交肉牛的肥育概念　杂交肉牛的肥育主要是指幼龄肥育。就是将6月龄的断奶牛（公牛3～4月龄去势）肥育12～15个月，使体重达450～500千克出栏屠宰。

7.3 杂交肉牛的肥育方法　杂交肉牛的肥育可分为前后两期进行。断奶（6月龄）至16月龄为肥育前期（300天），16月龄至18月龄为肥育后期（60天）。前后两期在饲养管理上应区别对待。

（1）肥育前期　首先确定合适的日增重目标和期末体重。日增重一般定为0.8千克左右，期末体重定为450千克左右，每头杂交肉牛每天摄入的饲料中营养物质含量见下表：

营养需量成分 体重(千克)	可消化蛋白质(千克)	消化能(千克)	日采食干物质(千克)	钙(克)	磷(克)	胡萝卜素(克)
150	0.31	12000	4.2	16	13	15
200	0.39	15000	5.4	16	14	20
300	0.56	22000	7.5	17	15	30
400	0.69	27500	9.2	18	17	40
450	0.75	30000	9.9	18	18	45
500	0.81	31000	10.5	18	18	50

肥育前期必须保证摄入的饲料中含有充足的营养外，精饲料和粗饲料的饲喂也必须保持平衡。粗饲料的用量按肉牛40%～60%的可消化营养成分来自于饲料计算。可按以下配方配制肉牛肥育期精料：玉米25%、麦麸30%、米糠31%、豆粉10%、钙粉3%、食盐1%。

（2）肥育后期 肥育后期不同于前期，前期以增重为目标，而后期则着力于改善肉质，尽量使肌肉脂肪增加。因此这一阶段应当选择优质的富含脂肪的饲料作为肥育后期肉牛的精料。精粗饲料比例比照肥育前期的标准。适当增加粗料饲喂量。每头杂交肉牛每天摄入的饲料其营养物质含量可略低于前期。

8 寄生虫病的防治

寄生虫病是牛的常见病，容易忽视，严重影响养牛的效益，应高度重视。具体防治办法请参看"羊寄生虫病及防治"。另外，每年用"口蹄疫"疫苗免疫2次，牛出败氢氧化铝苗免疫1次。

奶牛高效饲养技术

发展奶牛业是湖南省调整农业产业结构，充分利用和开发现有草场和秸秆资源，增加农民收入的有效途径。

1 品种选择

1.1 黑白花奶牛 体格高大，结构匀称，头清秀，皮下脂肪少，被毛细、短，后躯发达。乳房大而丰满。额部有白星，腹下、四肢下部及尾帚为白色，毛色为黑白花片。成年公牛平均身高 143～147 厘米，体重 900～1200 千克；母牛体高 133～145 厘米，体重 600～750 千克。一般年均产奶量 4500～6000 千克，乳脂率为 3.6%～3.7%。

1.2 西门塔尔牛 体格粗壮，结实，身躯长，肌肉丰满，四肢粗壮，乳房发育中等，泌乳力强。毛色多为黄（红）白花，头部、腹下、四肢下部、尾巴为白色。性情温驯，适于放牧。成年公牛平均体高 145～150 厘米，体重 1000～1500 千克；成年母牛平均体重 595～615 千克.年均产奶量 3900～5000 千克，乳脂率为 3.9%～4.0%。

另外，还有娟姗牛、瑞士褐牛、短角牛等品种。

2 日粮配制

日粮是指每头奶牛一昼夜采食各种饲料的总量。日粮的配制要坚持五项原则：①要根据饲养标准配制，把能量列为第一位指标。②尽量选价格低、来源广、本地生产的饲料，以降低成本，增加效益。③以青绿多汁饲料和青干草为主，补充适量精料。④饲料要多样化，使之营养物质互补。⑤注意饲料的适口性和消化性。

奶牛常用饲料最大用量：麦麸 25%、玉米、小麦子实 75%。同一种子实及其副产品为 75%，大豆饼、棉籽饼、菜籽饼等为 15%，糖蜜 8%、尿素 1.5%～2%。奶牛全价饲料最低养分（风干汁）：泌乳净能为每千克 5.02～6.69 兆焦，粗蛋白质为 12%～14%，粗纤维为 15%～20%，钙 0.5%～0.7%，磷 0.4%～0.5%，粗料为体重的 1.5%～2%。一般每产 3 千克奶，饲喂 1 千克精料。

严禁使用发霉变质、冰冻和有毒的饲料，某一饲养阶段饲料种类基本保持一致，不要突然改变。根据不同饲养阶段的营养需要，控制使用精料。

3 犊牛的饲养

犊牛是指 6 月龄以前的牛。喂奶方法：常采用桶内哺饮奶法。即一手持装有母牛初奶的桶，一手中指、食指放在犊牛嘴里，使其吮吸，然后引至有奶的桶中，当犊牛吮吸手指时，便可吸到初乳，然后将手取出，让其自由吮吸。人工哺乳最好用乳壶进行，因乳壶有橡胶做的乳头，与母牛乳头相似，这样比用乳桶喂乳吃得慢，不致呛奶，而且有利消化。

4 育成牛的饲养

7 月龄至产犊前为育成阶段。饲养特点是采用大量青饲料青贮料和干草，营养不够时，补喂一定量的精料。喂精料数量视粗料的质量而定，一般日喂量为 1.5～3 千克。

7～12 月龄增长速度最快，基础饲料以干草、青草、青料为主。饲喂量为体重的 1.2%～2.5%，适当饲喂精料，日喂精料量为 1.5～3 千克。

12 月龄至初配，母牛生殖器官接近成熟，此时应喂给足够的青粗料，适当搭配精料 1～4 千克，以满足营养需要。母牛受胎后，怀孕初期饲养与配种前无多大差别，但怀孕最后 4 个月要调整营养，特别要注意维生素 A 和钙、磷的补充。精料喂量视膘情而定，应逐渐增加，一般为 4～6 千克，以适应产后大量饲喂精料的需要。

5 成年奶牛的饲养

5.1 干乳期奶牛的饲养

干乳初期 停奶之日起 2 周内不喂多汁料和辅助料，以青粗料为主。最好是优质干草，适当搭配精料和块根茎饲料。一般按日产奶 5～10 千克所需的饲养标准进行饲喂，使母牛能有所增重，而对膘情良好的母牛只喂干草即可。

干乳中期 干乳半个月后，逐渐增加精料，并按牛的营养需要进行饲养，保持中等体况，不要过肥过瘦。过肥，产后代谢病、产科病和乳腺炎等疾病增加；过瘦，产后奶产量上不去，病多，不易受胎。一般日粮干物质控制在体重的 2%，其中精料喂量为体重的 0.6%～0.8%，粗、精料比为 75：25。

5.2 泌乳期的饲养

给牛投喂饲料的顺序：先喂精料，再喂青草和多汁饲料，最后才喂青贮料和粗料。

6 奶牛的配种

6.1 选择适宜的配种时机

产后第 1 次发情时间受个体牛子宫复原、品种、挤奶次数等的影响，也受产后饲养水平的影响。产后第 1 次配种理想的间隔时间为 40～80 天，这样，母牛产后一般可省 30～40 天的休情时间，达到 1 年 1 胎。在母牛发情后，适时配种可以节省人力、物力和精液，提高受胎率。一般在开始发情后 8～24 小时配种较理想，受胎率为 60%～70%。具体来说，当母牛发情达到高潮时，待 6～8 小时后输精能获得较高的受胎率。为保险起见，可隔 8～10 小时再输精 1 次。

6.2 人工授精配种

　　首先按母牛发情直肠检查法将手插入直肠,检查其内生殖器官,判别是否处于适宜输精时机。然后把子宫颈后端轻轻固定在手内,手臂往下按压(或助手协助)使阴门开张。另一手把输精管自阴门向斜上方插入 5～10 厘米,以避开尿道口,再改为平插或向斜下方插,把输精管送到子宫颈口。再两手相互配合,调整输精管和子宫颈管的相对方向,把输精管徐徐送至子宫颈深部。在技术熟练和发情诊断可靠时,可以把输精管送至子宫体或排卵侧子宫角注入精液,不然则宜送到子宫颈的 2/3～3/4 处注入精液,以免输精管损伤子宫黏膜或造成其他事故,影响母牛受胎和健康。输精所用器械必须经过严格消毒方可。

　　7　挤奶

　　7.1　挤奶前的准备　挤奶员穿好工作服,清除牛体附近被污染的饲草及粪便,准备好挤奶工具,如奶桶、过滤纱布、水桶、毛巾、小凳、温水等。

　　7.2　清洗乳房　先把牛尾固定,再用 45℃～55℃ 的热水浸湿毛巾,先洗乳头孔和乳头,随后自乳房中沟,逐渐向乳房上部扩洗 1～2 次,然后将毛巾拧干,擦干乳房。

　　7.3　按摩乳房　先将双手分别放在乳房前后及左右两侧搓整个乳房。再用双手前后托住左半乳房,两拇指放在乳房外上方,其他手指放在乳房中沟上,拇指自下而上反复按摩数遍,然后用同样方法按摩对侧乳房,按摩时应均匀用力,并配合轻度搓揉。然后双手在每个乳房 1/4 部分由上向下搓揉。最后将乳头轻微搓揉几次,模仿犊牛吸吮动作,用指握住乳头向上碰撞几次。

　　7.4　挤奶　挤奶员要坐在牛的右侧,腰伸直,不要低头、弓背,两腿夹住小桶。两足后收,足跟提高呈八字形,可减轻肩腿疲劳。挤奶员对牛要有耐心,保持谨慎、和蔼。

保持环境安静，挤出的第一、第二把奶弃掉。

7.5 方法 拳握法（也叫压榨法）是用拇指和食指捏住奶头基部，然后按中指、无名指、小指的顺序挤压奶头，使奶由奶池中排出。手工挤奶要求"轻、巧、稳、快"，力争一口气挤完，中间不能休息、缓把，每头牛应在5～8分钟内挤完。挤奶结束后，用湿毛巾抹净乳房和乳头，轻轻抚揉一下即可把牛尾解开。

8 常见病的防治

8.1 胃肠炎 奶牛采食腐败、冰冻、脏污、难消化或有毒的草料或突然变换草料，劳役过度，胃肠内有寄生虫等引起。

症状 剧烈而持续腹泻，粪便稀薄带黏液，气味恶臭；病牛精神沉郁，食欲废绝，反刍停止，泌乳量急剧下降；病初体温40℃～41℃，皮温不正常。由于病牛严重脱水出现酸中毒，眼球下陷，四肢乏力，体温下降，黏膜发绀，起立困难，衰竭而死。

治疗 ①消炎杀菌。轻症的每头牛内服或灌服磺胺脒20克；病重时每100千克体重肌内注射氯霉素0.5克，每日2次。②输液。用生理盐水1000毫升、5％苏打水300～500毫升、维生素C 20毫升1次静脉注射。③强心。肌内注射10％安钠咖10～20毫升。④对症疗法。腹痛明显，肌内注射20～30毫升安痛定。胃出血时可肌内注射维生素K_3 10～15毫升。

8.2 感冒 奶牛受到风寒侵袭而引起上呼吸道炎症为主的急性、热性、全身性疾病。一年四季均可发生，无传染性。

症状 精神不振，头低耳聋，结膜潮红，怕光流泪，耳尖、鼻端、四肢发凉，咳嗽，体温40℃以上，食欲减退或废绝。反刍减少或停止，粪便干燥，皮毛竖立，全身战抖。

治疗　肌内注射安基比林或安痛定或安乃近 20～40 毫升，每日 2 次。病情较重，可在上述药中加青霉素、链霉素各 100 万单位混合肌内注射，每日 2 次。

8.3　腐蹄病　奶牛在栏舍潮湿和不清洁的环境下最易发生此病。另外，在放牧时牛被铁钉、小石子等刺破蹄趾感染而发病。

治疗　①保持牛舍、运动场干燥、清洁，定期检查牛蹄，发现蹄病及时治疗。②症状较轻，用 10％硫酸铜药液浸泡。溃烂的蹄，用双氧水洗净后，敷以呋喃西林粉用绷带包扎，并结合用抗生素、磺胺类药消炎。

8.4　有机磷农药中毒　奶牛采食喷有有机磷农药的植物或口鼻及皮肤吸收了有机磷农药而引起的中毒。

症状　恶心呕吐，食欲不振。严重时口流涎，鼻流涕，拉稀，腹痛，呼吸困难，出汗，甚至口吐白沫，黏膜呈暗紫色。继而出大汗，静脉肿大，呼吸困难，肺水肿，全身肌肉抽搐，行走不稳，最后卧地不起，大小便失禁，昏迷不醒而死亡。

治疗　皮肤中毒，用肥皂水或小苏打冲洗，不可用热水冲洗。敌百虫中毒，不能用碱性溶液冲洗。口服中毒，用 0.2％～0.5％高锰酸钾或 1％双氧水洗胃；症状明显的，皮下注射 1％硫酸阿托品 5 毫升，每 0.5～1 小时注射 1 次，直至瞳孔放大，出汗减少，开始清醒为止。同时用解磷定 3～6 克与 5％葡萄糖配成 3％～5％的溶液静脉注射。

山羊饲养管理技术

山羊是草食动物，饲料以草类、树叶、秸秆为主。饲养山羊，饲料成本低、投资少、见效快、效益好。特别是黑色食品工业的兴起，商品黑山羊及其加工产品备受市场青睐。因此，在山区及丘岗区利用现有天然牧草资源和人工垦覆种草，发展山羊特别是黑山羊生产，是山区农民养殖致富奔小康的一条捷径。

1 山羊的品种与繁殖

1.1 品种

山羊品种分为肉用和奶用两大类。肉用品种较多，主要有湘东黑山羊及本地山羊。湘东黑山羊体形中等，适应性强，抗寒耐热，善爬坡采食，是便于山区饲养的优良品种。

1.2 山羊的繁殖

湘东黑山羊 4 月龄左右性成熟，5～7 月龄为适宜配种年龄。母羊发情明显，发情周期在 21 天左右（夏秋季较短，冬春季较长）。发情持续时间一般为 24～48 小时（平均约 40 小时）。经产母羊一般在产后 20 天左右发情，为了使母羊多胎高产，此时应抓紧配种。配种一般在发情一天后进行，也可采取发现发情配一次种，半天后重配一次。山羊的妊娠期为 150 天（5 个月），第一胎一般产 1 头，第二胎起 80％产 2 头。繁殖年限一般为 4～6 年。山羊一年四季均可配种繁殖，建议安排在 9～10 月配种，第二年 2～3 月产羔；3～4 月配种，8～9 月产羔。为了搞好山羊配种，进羊时要注意公母比例，公母比一般为 1∶20～1∶30。

2 羊舍建设

羊舍是山羊休息、防寒避暑的重要场所。山羊怕湿、怕热、怕脏，因此，要养好山羊，必须根据山羊的特点，修建好羊舍。

2.1 羊舍面积

每只山羊平均需要的羊舍面积一般为：种公羊1.2～1.5平方米，成年母羊0.8平方米，哺乳母羊2平方米，幼龄公母羊0.5平方米。可按此标准建造羊舍。

2.2 羊舍选址与结构

坐北朝南，地势较高，水源清洁、丰富的地方为理想的羊舍建造场地。羊舍要求干燥通风、光线充足，羊舍檐高2.5～3米，窗户有效透光面积占羊舍场地面积的10%，窗户离地面高度为1.3米，窗户下面安好地窗。屋顶可用稻草，稻草上面加盖石棉瓦。

2.3 羊舍设备

①羊床 山羊怕湿怕脏，因此羊舍内必须做好羊床。羊床可用木条或竹片串连成板，木条或竹片的间隙一般不超过1.5厘米，也不得小于1.0厘米，即保证粪尿漏下，又不卡羊脚。安装羊床要求离地50厘米，四周建栏栅，羊床宽一般为1.6～2.0米。

②饲槽 山羊不吃受污染的饲料，因此补料应放在饲槽内。饲槽可用水泥制造，饲槽放在栏栅外，让羊伸出头采食。饲槽高约30厘米，底宽20厘米，长2～5米。羊多时，饲槽长度可适当增加。

③草架与吊篮 为减少草料浪费，饲喂草料时，草料必须放于草架与吊篮之中。以草架为例，可靠墙设立单面草架，草架以木方作为主件，用竹片钉制草料隔栅并钉在方木上，竹片之间的间隔为8～10厘米，最好让羊以啃扯的方式

采食草架内的草料。

3 饲料与管理

3.1 饲料

山羊以放牧采食野生牧草、树木枝叶为主。哺乳母羊、羔羊、出售前的育肥羊适当补给精料。放牧必须有草场。实践证明，要养好山羊，每头成年山羊的可采食草场拥有量应不少于 1334 平方米，并应按每年每头 333 平方米的标准对草场进行垦覆培肥，人工种植苏丹草、黑麦草等优质牧草。冬季是枯草季节，可用丰草季节刈割干贮或青贮的草料饲喂山羊；也可用稻草、花生苗、黄豆苗、玉米秆等氨化后，舍饲过冬。秸秆氨化的方法是：将稻草、玉米秸秆等切成 3～5 厘米长，每 100 千克秸秆用 3～5 千克尿素、0.5～1 千克食盐、60～80 千克清水，先将尿素、食盐溶于水中，然后将切短的秸秆填入氨化池内，每层厚 10 厘米，每层均匀浇洒尿素食盐混合水。每立方米氨化池氨化 120～160 千克秸秆。制作时要层层压紧，顶部稍高，用塑料薄膜密封，以不漏气为原则，一个氨化池一般为 2 立方米。成熟的氨化秸秆，色泽为棕黄或黄黑色，质地软。温度适中，夏天 15 天、冬天 30 天成熟，饲用前应提前 2 天取出铺开晾干，饲喂时须先进行采食训练，并拌适量精料或青绿饲料。

3.2 饲养管理

一是在日常饲养管理中，羊舍内应经常保证有充足清洁的饮水和按每天每头 5～10 克的标准给饲食盐（食盐应溶于饮水中供山羊自由饮用）。或将"舔砖"放入羊舍内让羊自由舔食，以补充食盐和羊生长发育所需要的其他矿物质营养素。二是生产母羊在临产前 5 天和产后 10 天应以舍饲为主，给予优质嫩草或辅以精料，以确保母仔平安。羔羊产后 20 天内应圈养，不能跟母羊一起上山放牧。三是及时断奶，搞好断奶羔羊的管理,母羊产后即开始泌乳育羔,5～10天进入泌乳高峰,并维持20～30天,以后逐渐下降。合理的断奶时间应在羔羊40天左右,断奶羔羊除放牧外要进行补饲,补充的草料以优质青草或青贮料为主,并按每头每天0.1～0.2千克的标准补饲混合精料。混合精料可按下列配方配制:稻谷33%、玉米13%、豆粕(或炒黄豆)4%、大米5%、菜籽饼4%、统糠40%、骨粉0.5%、食盐0.5%。四是补饲催肥。山羊在出售前应补饲催肥以获得较好的经济效益。具体方法是:驱虫、去势(公羊)、停配(母羊),除止常放牧外,秋季放牧时间不得少于10小时,要补饲青贮料及精料,催肥时间一般为60天。精料可按下列标准配制:稻谷25%、玉米12%、豆粕(或炒黄豆)10%、大米3%、菜饼6%、薯丝20%、统糠23%、骨粉0.5%、食盐0.5%。

4 羊病防治

4.1 综合防治措施

控制羊病以预防为主,治疗为辅。主要综合防治措施是加强饲养管理,保证充足营养供给,做到膘肥体壮;搞好羊舍卫生,做到冬暖夏凉;定期对羊舍消毒。至少每个季度消毒一次,可用"菌毒敌"、"强氯威"、"百毒杀"等按说明对水喷洒消毒:做好免疫接种工作,根据生产实际,每年应对大小羊只用"羊四防苗"一律肌内或皮下注射5毫升进行免疫接种,以防止羊快疫、肠毒血症、羔羊痢疾和猝狙病的发生。羊痘疫苗不论大小,每年免疫一次,皮下注射。口蹄疫苗,每年免疫两次,肌内注射。

4.2 常见羊病及防治

4.2.1 寄生虫病及防治 毛枯、体瘦、腹泻,多因患寄生虫病所致,应及时驱除体内寄生虫。①体内寄生虫病的防治:每年4月和10～11月定期进行驱虫,寄生虫污染区每季度驱虫一次。可用硫双二氯酚（每千克体重 100 毫升）加左旋咪唑（每千克体重 10 毫克）或加阿维菌素（每千克体重 0.2～0.3 毫克）溶水灌服。②体外寄生虫的防治：单独用阿维菌素（每千克体重 0.3 毫克）溶水灌服，并对体表患病部位用较高浓度的阿维菌素水溶液涂擦，或者用精制敌百虫配成 1% 的溶液对山羊进行药浴，或用 2% 的溶液进行擦洗，定期进行，每年至少 2 次。

4.2.2　山羊痘的诊疗　山羊痘是一种病毒性传染病。病初体温升高到 40℃～42℃，精神沉郁，少食或不食，弓腰发抖，鼻腔、唇、眼角有脓性分泌物，乳房出现痘疹。治疗方法：隔离病羊，羊舍用 2% 的烧碱消毒；用龙胆紫溶液涂擦患部，连擦 5 天；肌内注射青霉素、链霉素，防止继发感染。

4.2.3　羔羊痢疾　羔羊痢疾是羔羊以剧烈腹泻为特征的急性传染病，主要为害 7 日龄以内的羔羊。治疗：肌内注射氯霉素，每日 2 次，连用 3～5 天；或内服土霉素、胃蛋白酶混合剂（各 0.5 克调水）灌服，每日 2 次，连服 2 天。

4.2.4　闹羊花中毒的治疗　注射或口服阿托品；灌服鸡蛋清，每日 2 次，每次 3～4 个鸡蛋清，连用 4 天。病情较重应配合用葡萄糖生理盐水输液治疗，一次 500～1000 毫升，每日 1 次，连用 2 天。

土鸡生产技术

土鸡适应性强,易饲养。土鸡营养丰富,味道鲜美,市场潜力大。近年来,市场上商品土鸡的价格比其他肉用仔鸡价格高30%。因此,大力发展土鸡生产,培育土鸡产业,发展和拉长土鸡产业链,树品牌,创名牌,对提高农民收入发展农村经济具有重要的现实意义。现将主要饲养技术要点归纳如下,供养殖专业户参考。

1 鸡种选择

本地土种鸡可作为首选品种,因为本地品种毛色多而杂,趾胫细小、体形中等、商品形象好,消费者喜欢。其次可选广西麻鸡、九斤王鸡等国内地方土鸡品种进行饲养。

2 饲养管理

土鸡的饲养管理应分两个阶段,应分别对待。出壳到1月龄为幼雏阶段,1月龄至出笼上市为育成阶段。

2.1 育雏阶段的饲养管理

2.1.1 保温 施温原则是初期宜高,后期宜低;小群宜高,大群宜代;弱雏宜高,强雏宜低;阴雨天宜高,晴天宜低;夜间宜高,白天宜低。生产实践中应根据施温原则看鸡施温,即雏鸡密集热源附近,发出尖叫声,说明温度低;雏鸡远离热源,张嘴喘气,翅膀张开,饮水显著增加,说明温度高;雏鸡均匀分布于育雏舍内,不发出尖叫声,证明温度合适。具体的最适温度见表1。

2.1.2 保温方式 保温方式多种多样,如果用电保温,农村电价高,育雏时间又需1个月,成本高,不合算。现推荐一种最经济、最简便、效果好的保温方式，即根据养鸡户各自的规模，单独建一间简单的育雏室。育雏室一般建 8～10 平方米，双层育雏可育雏鸡 500～600 羽。育雏舍的高度以 2 米为宜，在舍内地面砌 2 条火道，火道一端与墙外的煤灶火堂相连，火道另一端与墙外烟囱对接（见图 1）。进鸡前 1 周，育雏舍要彻底消毒，进鸡前育雏舍温度要达到 30℃～32℃。

2.1.3　饮水及白痢防治　雏鸡运回放进育雏舍后的第一件事，就是让所有雏鸡饮用到 5～10 毫克/升浓度的高锰酸钾水溶液（淡红色），连服 2 天，第三天改饮冷开水，第四天开始用配制好的"EM 增活稀释液"让鸡自由饮用，直到出笼。"EM 增活稀释液"的配制方法是：先按 1∶1∶500 的比例准备 EM 菌液（各地畜牧局有供应）、营养液、清水（井水）。具体操作是先把井水升温到 30℃，将营养液倒入温水中溶解搅匀，再将 EM 菌液倒入，放置在阴凉避光处，6～12 小时后即可使用，3 天内用完。每百只小鸡应放置 2～3 个 2.5 千克容量的饮水器。或在 3 周龄前用氟哌酸和抗球灵按说明调水供鸡自由饮用，随后改用"EM 增活稀释液"，防治鸡白痢和球虫。

2.1.4　饲料　可使用各个正规厂家生产的鸡花料或小鸡料。或按下列配方自己配制饲料：玉米 17.5%、碎米 47%、麦麸 10% 豆粕 14%、秘鲁鱼粉 10%、骨粉 1.5%，并在每 100 千克饲料中加 50 克禽用多种维生素。

2.1.5　光照　0～3 日龄 24 小时光照，4 日龄至育雏结束 20～14 小时光照，光照以 60～40 瓦灯为宜。

2.1.6　疫病防治　出壳 24 小时之内皮下注射马立克疫苗。7～10 日龄用鸡新城疫苗饮水免疫及传染性支气管炎疫苗防治或饮水。14 日龄用法氏囊疫苗饮水。28 日龄刺种鸡痘冻干疫苗，并第二次接种鸡新城疫苗（见表2）。进鸡前对场地、鸡舍及用具用"百毒杀"、"菌毒敌"、"强氯威"等按说明对水喷洒消毒；进鸡后由专人饲养，防止疫病传入。

2.1.7　弱雏病雏保护　先挑选隔离，然后用10％的酒精甘油涂擦脐部，将50％葡萄糖溶液滴入弱雏口腔，每次2～3滴，每日3次；病雏逐羽滴入强力米先或其他鸡病药液治疗，每次3～4滴，每日2次。

2.1.8　垫料　在鸡舍地面上均匀铺上2～3厘米厚的锯木屑或刨木屑作垫料，一般每隔3～5天加铺一层新垫料，使鸡舍垫料经常保持干燥清洁，待雏鸡脱温转舍后再全部清扫，并严格消毒。

2.1.9　空气与环境　鸡舍内易产生氨气、硫化氢、粪臭素等有害气体，严重影响鸡的生长，因此，鸡舍内应经常排气，一般每2～3小时排气一次（时间5分钟），以保持舍内空气清新；鸡只胆小，最易受惊起哄，影响正常生长，因此，一定要保持鸡舍安静，切忌大声喊叫或敲打。

2.2　育成阶段的饲养管理

2.2.1　饲养方式　土鸡饲养到育成阶段，其内脏器官基本发育完全，羽毛丰满且御寒能力增强，能基本适应外部条件。结合优质土鸡的生产要求，此阶段必须采取"围地圈养"或"围山放养"的饲养方式饲养土鸡。围地或围山面积的标准以每500羽333～667平方米较好，其间合理设置栖架和遮雨棚，合理放置料桶、料槽和饮水器。夜晚将鸡赶入鸡舍休息，白天将鸡从鸡舍放出，让其自由采食或部分觅食。

2.2.2　饮水　自始至终用配制好的"EM增活稀释液"让鸡自由饮用（配制方法如前所述），确保土鸡健康正常生长。

2.2.3　饲料　育成阶段的土鸡，最好采用精青搭配饲养。精料可按下列配方自己配制：玉米 17％、碎米 53％、麦麸 9％、豆粕 9％、糠饼 4.8％、秘鲁鱼粉 5％、骨粉 2％、食盐 0.2％，在每 100 千克饲料中应另加 50 克多种维生素。青料可选用新鲜菜叶或播种的优质牧草如苏丹草、黑麦草、鹅菜等，用青料喂鸡要切碎，青料与精料饲喂比例一般要求为 1∶1，日喂 3～4 次。

2.2.4 光照完全采用自然光照。

2.2.5 温度 适置温度为 20℃ 左右。需要提请饲养者注意的是，环境温度持续上升或突然下降，均会使鸡群出现异常，要搞好防暑或保温工作，并及时对鸡舍及场地消毒，以防鸡群发病。

2.2.6 疫病防治 严格免疫程序及操作规程。育成阶段在 50 日龄左右要注射禽出败疫苗，并用左旋咪唑或阿维菌素驱虫一次。同时加强日常饲养管理，搞好环境卫生，严格定期消毒制度（至少每周消毒一次），禁止外来人员进入鸡舍，对病鸡做到早发现、早隔离；早治疗。

2.2.7 饲养规模与饲养时间 首次饲养土鸡，应控制在 500 羽以内。进入育成阶段要分群饲养，一般以每群不超过 100 羽为宜。饲养土鸡，其育成阶段应不少于 2 个月。土鸡出笼前 1 个月应停止一切用药（EM 菌液除外），以确保商品土鸡质量。土鸡出笼体重每羽应在 1.3 千克以上。

2.2.8 常用药品 EM 菌液、红霉素水溶剂、氟派酸、青霉素、土霉素碱、杆菌肽锌、阿维菌素、左旋咪唑、喹乙醇、强力米先、抗球灵（地克珠利）、泰乐菌素、百毒杀、菌毒敌、强氯威、高锰酸钾、甲醛。

表1　　　　　　　　　　鸡舍最适温度表

周龄	第一周	第二周	第三周	第四周	第五周
舍温(℃)	30～32	28～30	25～28	23～25	20

表2　　　　　　　　　　推荐免疫接种程序襄

日龄	1日龄	7～10日龄	14日龄	28日龄	40日龄	60日龄
接种疫苗方法	马立克皮内注射	鸡新城疫系苗饮水，传染性支气管炎疫苗滴鼻或饮水	法氏囊苗饮水	鸡新城疫系苗饮水，刺种鸡痘	禽流感灭活菌肌内注射	禽出败肌内注射

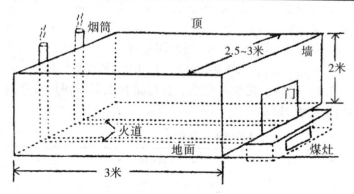

图1　育雏舍火道保温示意图

番鸭饲养技术

番鸭，又叫洋鸭。随着饭馆、酒店的增多及烤鸭、酱板鸭等的加工发展，对番鸭的需求量日益增大。养殖番鸭是调整农业产业结构，致富农民的一条好途径。番鸭的饲养管理比本地麻鸭和肉鸭要精细，尤其是幼雏鸭的管理很重要。青年鸭的管理则与饲养肉鸭基本相似。

1 番雏鸭生长发育的几个指标

1.1 增重 雏鸭2～8周龄时生长速度快。此期母鸭活重每周可增重400克，公鸭活重每周增重500克。公母鸭体重的差别分别可达：6周龄时600克、8周龄时1千克、10周龄时1.5千克。母鸭10～11周龄体重可达2.1千克，公鸭可达3.5千克。母鸭10周龄、公鸭11周龄时便停止生长。

1.2 饲料消耗与料肉比 公母番鸭混养，饲料消耗与肉料比见表1。

表1   公母番鸭混养生长期饵料消耗与料肉比

周龄	活重（克）	累计饲料消耗（克）	料肉比
2	300	395	1.65
4	1000	1975	2.09
6	1830	4250	2.40
8	2500	6560	2.70
10	2860	8660	3.09
11	2925	9650	3.36

1.3 屠宰率 公母鸭的屠宰率基本相同。

放血、煺毛屠体86%

半净膛　80%～82%

净膛（不带可食内脏）　64%～66%

去骨肉（不带内脏和颈）　48%～57%

注：①半净膛：去掉肠子，保留其他内脏和头颈、爪的屠体。②净膛：去掉食管、嗉囊、气管、胸腹部内脏、颈和爪的屠体。

2　幼雏番鸭的饲养管理

2.1　鸭舍消毒　用苛性钠稀释成 2%的稀释液喷洒鸭舍，或用菌毒灭、消毒威药液消毒，此法与鸡舍消毒相同。

2.2　饲养方式　采用地面垫料饲养。垫料可用稻草、刨花、锯末屑等。垫料要经常保持清洁。

2.3　饲养密度　每平方米 5 只。

2.4　温度　见表 2。

表 2　　　　　　　不同周龄温度控制范围

周龄	育雏伞下温度（℃）	舍内周围环境温度（℃）
1	35	18～20
2	30～32	18～20
3	28～30	16～18
4	23～26	15～18
5	20～21	15～18

2.5　湿度　幼鸭最初几天湿度要求相对较高，一般 70%为宜。几天以后，可降至 60%～65%。

2.6　通风　根据饲养季节、日龄及观察鸭群生长情况来调节通风量，以幼鸭在鸭舍内活泼健壮、采食旺盛，无反常现象即可。

2.7　光照　以幼鸭能看清采食和饮水为度。第 1 周 24 小时光照；1 周龄后，每天减少光照 1 小时；第 3 周龄时，每天连续光照 10 小时。

2.8　饮水　雏鸭对脱水敏感，幼雏一到，就必须让它们饮上水。甚至要用温水给它们洗澡。

2.9 卫生条件 保持鸭舍、饮水、器具、垫草等的清洁卫生。

2.10 切喙 3周龄时进行切喙比较适宜。切喙部位为鸭子嘴豆中部。

2.11 饲料 根据生长不同阶段采用不同的营养标准和饲料配方，见表3、表4。

表3 番鸭不同生长期饲料的营养标准

时 期	代谢能（焦耳/千克）	粗蛋白（％）	蛋氨酸（％）	蛋胱氨酸（％）	救氨酸（％）
食 期（0～3周龄）	11723～12560	17.7～19.0	0.38～0.41	0.75～0.80	0.9～0.96
生长期（3～6周龄）	11723～12560	14.9～16.0	0.32～0.34	0.63～0.67	0.73～0.78
育成期（6周至屠宰）	11723～12560	12.2～13.0	0.22～0.23	0.46～0.50	0.51～0.55

表4 番鸭饲料配方系列

饲料名称	开食（％）	生长（％）	育成（％）
玉米	71	49.6	63.3
小麦		30	21
黄豆饼（粗蛋白44％）			5.0
黄豆饼（粗蛋白50％）	20	15	
肉粉（粗蛋白50％）	4	4	4
苜蓿粉	3		
碳酸钙	1	1	1.4
碳酸二钙	0.6		
盐	0.3	0.3	0.3
微量元素混合物	0.1	0.1	
DL蛋氨酸	0.15	0.1	
多种维生素	每100千克10克	每100千克10克	每100千克10克

2.12 节制给食 可提高料肉比5％～10％。方法为：一是把饲料做成粉状，使用短光照，这样做实际上是减少采

食量。二是采取适中的节制给食，即给自由采食量的 90％，不影响生长，并可改善料肉比。另外，必须让番鸭能随时采食到砂砾，并保证不间断饮水。

2.13　注意事项　一是药物用量要比其他家禽用药量相对减少；二是抗生素注射剂量要低于其他家禽；三是用药作为预防，最好配以维生素 B 和保肝药物。

畜禽疾病防疫技术

随着我国畜牧业的迅速发展，特别是集约化、规模化养殖场的大量兴起，畜禽的一些疾病，尤其是一些新发病不断出现，靠过去那种单纯的治疗手段已不能解决问题。在大发展、大流通、大市场的现代化畜牧业中，我们必须采取各种行之有效、切实可行的畜禽疾病综合防治措施，才能适应形势的发展。因此，在生产实践中搞好畜禽疾病防疫至关重要。

1　畜禽疾病综合防治原则

1.1　强化预防为主的原则

必须坚持"预防为主，防治结合，防重于治"的12字方针。在当今集约化、规模化生产中，若忽视了预防优先的原则，而忙于治疗，则势必造成养殖业生产完全陷于被动。只有抓好预防措施的每一个环节，才能使畜禽疾病不致发生，一旦发生也能及时控制。

1.2　建立严格的卫生（消毒）制度

一是场址的选择和布局。养殖场应建在地势较高，水源充足，水质良好，便于排水、通风，离公路、河道、村镇、工厂、学校等500米以外的地方，四周应有围墙，粪便发酵池最好设在围墙外。二是应定期对栏舍、场地进行消毒，及时清理垫料和粪便，保持清洁卫生。三是要谢绝来客来访及参观活动。四是不得为他人寄养任何畜禽，场内禁养犬、猫等，不得混养畜禽。

1.3　建立各类档案资料，做好记录。

1.4 做好免疫接种和药物预防。

1.4.1 免疫接种注意事项

①疫苗的来路必须正道，有质量保证。

②各种疫苗必须在规定的低温下冷藏、冷链运转，不能在阳光下暴晒。

③注射疫苗的各种用具要洗净、煮沸消毒后方可使用。

④使用时要逐瓶核对瓶签，仔细阅读使用说明要求。

⑤口服或饮水免疫时要注意水质，水中不可含有氯化物，最好用井水或冷开水。使用前，畜禽适当停水一段时间（1～2小时），使全群都能够吃到足够疫苗。

⑥细菌活菌苗在使用前后一周应停止使用抗菌类药物，否则影响免疫效果。如果遇到类似情况，必须重新免疫。

⑦必须执行正确的免疫程序，肌内、皮下、皮内、滴鼻。

1.4.2 药物预防

①混饲或饮水给药时，必须混匀或药物完全溶于水中，以防止药物中毒和药量不足。

②要防止细菌产生耐药性，要掌握抗生素和化学药物的适应证、剂量、疗程，还可以将几种抗生素或磺胺类药物交替使用。

③注意预防药物残毒，肉、蛋中的残留药物被人食用后会为害人体健康。因此，畜禽在屠宰前15～20天不宜使用药物。

④不得使用国家明令禁止的各类激素和药物。

2 一般防疫程序

2.1 母猪的防疫程序

猪瘟疫苗 每半年免疫1次，每次肌内注射4头份。

口蹄疫疫苗 每半年免疫1次，每次肌内注射1头份，尽可能用浓缩苗。

细小病毒疫苗　头胎及二胎母猪在配种前 20～30 天肌内注射 1 头份。

伪狂犬病疫苗　每半年免疫 1 次，怀孕母猪在产前 1 月时再加强免疫 1 次，每次肌内注射 1 头份。

乙脑疫苗　在每年的 3 月或 4 月免疫 1 次，每次肌内注射 1 头份。

丹毒、肺疫二联苗　在每年的 3 月、9 月各免疫 1 次，每次肌内注射 1 头份。

链球菌苗　在每次配种前肌内注射 1 头份。

K88、K99 工程苗　怀孕母猪临产前 21 天左右肌内注射 2 头份。

传染性胃肠炎疫苗　寒冷季节到来之前在后海穴注射疫苗 1 头份。

2.2　种公猪的防疫程序

口蹄疫苗　每半年免疫 1 次，每次肌内注射 1 头份。

猪瘟疫苗　每半年免疫 1 次，每次肌内注射 4 头份，

伪狂犬病疫苗　每半年免疫 1 次，每次肌内注射 1 头份。

链球菌苗　每半年免疫 1 次，每次肌内注射 1 头份。

丹毒、肺疫二联苗　每半年免疫 1 次，每次肌内注射 1 头份。

2.3　商品猪的防疫（驱虫）程序

15 日龄左右或断奶前 15 天肌内注射水肿疫苗 1 头份。

20 日龄左右肌内注射猪瘟疫苗 2 头份。

30 日龄左右口服副伤寒苗 2 头份。

65 日龄左右肌内注射猪瘟疫苗 2 头份，

70 日龄左右肌内注射丹毒、肺疫二联苗 1 头份。

35 日龄以上肌内注射口蹄疫疫苗 1 头份。

仔猪在断奶后驱虫 1 次，以后每隔 45～60 天再进行1～2 次驱虫。

2.4 鸡的防疫程序

1 日龄　马立克病疫苗，刺种。

7～14 日龄　鸡新城疫Ⅱ系苗，滴鼻、饮水；传染性支气管炎疫苗，滴鼻、饮水；法氏囊弱毒疫苗，滴鼻、饮水。

28 日龄　鸡瘟疫苗刺种。

40 日龄　禽流感灭活苗，肌内注射。

60 日龄　霍乱蜂胶苗，肌内注射。

90 日龄　新城疫Ⅰ系苗，刺种。

1～15 日龄　用药物预防鸡白痢的发生。

20 日龄开始用药物预防球虫病的发生。

2.5　群鸭的防疫（驱虫）程序

鸭瘟疫苗　60 日龄，肌内注射。

霍乱蜂胶苗　30 日龄，肌内注射，每半年 1 次。

禽流感灭活苗　40 日龄，肌内注射，每半年 1 次。

病毒性肝炎苗　种鸭产蛋前肌内注射，每年 1 次。

每隔 45 天驱虫 1 次。

2.6　牛的防疫（驱虫）程序

口蹄疫疫苗　每年免疫 2 次，肌内注射。

牛出败氢氧化铝苗　每年免疫 2 次，肌内注射。

每年春、秋季各驱虫 1 次。

2.7　羊的防疫（驱虫）程序

口蹄疫疫苗　每年免疫 2 次，肌内注射。

三联四防干粉苗　不论大小，每年免疫 1 次，肌内注射。

羊痘疫苗　不论大小，每年免疫 1 次，皮内注射。

羊口疮疫苗　羔羊口唇黏膜注射。

每年春、秋季各驱除体内外寄生虫 1 次。

2.8　兔的防疫

兔瘟巴杆菌、魏氏梭菌三联灭活苗：30 日龄以上家兔，每年免疫 2 次，肌内注射。

用药物预防兔球虫病的发生。

2.9　犬、猫的防疫（驱虫）程序

狂犬疫苗　45 日龄以上犬、猫第一年连续免疫 2 次，间隔 20 天；以后每年免疫 1 次。

犬五联疫苗　45 日龄以上犬、猫第一年连续免疫 3 次，每次间隔 15 天；以后每半年免疫 1 次。

每年驱虫 1～2 次。

3　常用消毒方法及消毒剂

3.1　消毒方法

物理消毒　包括清洁场地、通风、阳光照射和干燥、物品用具经火烧、烘、烤、煮、熏、蒸等方法。

生理消毒　粪便、垫草等经堆积发酵处理。

化学消毒　利用各种酸类、碱类、氧化剂、表面活性剂、防腐剂等化学药品进行消毒。

3.2　常用消毒剂

消毒威　为广谱、高效、速效、安全消毒剂，能有效杀灭各种病毒、细菌及霉形体，对人畜无害，亦可作饮水消毒一次，有效期可达 7 天。

菌素灭　能彻底杀灭各种病毒、细菌、球虫、疥螨及寄生虫卵，亦可作为羊的药浴使用。羊药浴时采用 1∶500 稀释于浴池中，先将羊体表的污垢和痂皮刮去，然后进行药浴 1 分钟以上。疥螨严重的，5～7 天后可再药浴 1 次。

1%～2% 碱液　对栏舍及污染场地消毒。

高锰酸钾加福尔马林可作空气熏蒸消毒。

氨化稻草、秸秆养畜技术

氨化稻草、秸秆养牛、羊技术是一项投资少、效益高的实用技术。所谓氨化稻草、秸秆，就是利用尿素或碳铵水溶液与稻草、秸秆按一定比例混合，放置在密封容器中经过一定时间的氨化处理而成。稻草、秸秆经过氨化，营养价值提高，适口性改善，用于饲养牛、羊，能降低成本，增加收益。

1 稻草、秸秆氨化处理方法

氨化处理设备可因陋就简，最常用的是水泥池、地窖和薄膜。水泥池一般为专门建设的专用氨化池，可根据地下水位的高低选择建在地上或地下。挖地窖要选择地势高的地方，防止地下水渗入。少量氨化可采用薄膜袋。具体操作方法如下：

地窖内壁全部铺衬塑料薄膜，并让塑料薄膜在窖四周余出 40 厘米留作密封使用。水泥池则清扫干净。然后取稻草、秸秆，清除泥土杂质和霉烂部分后铡成 15 厘米长的小段。按 50 千克稻草、秸秆用尿素 1.5～2.5 千克、盐 0.25～0.5 千克溶于 30～50 千克水中，将尿素水溶液均匀洒到稻草、秸秆上拌匀，分层装入窖内或水泥池内，每装 1 层踩实，渐次装满，直至高出池壁 50～60 厘米。最后用一块完整的塑料薄膜盖住池顶面，与壁形成密闭整体，并用湿土密封固定。每立方米氨化池可氨化秸秆 120～160 千克。

2 氨化时间

氨化时间与游离氨浓度、温度密切相关。一般氨源用

5％的尿素液时，高温季节氨化 10 天左右即可使用；而在 15℃～20℃温度时，需密封氨化 28 天左右才可使用。

3 氨化稻草、秸秆的使用及注意事项

①氨化稻草、秸秆有两个目的，一是增加营养，更广泛地开辟饲料资源；二是旺贮淡用，调剂余缺，解决冬春草枯季节的饲料问题。饲草淡季饲养肉牛、羊，采用氨化稻草加少量配合饲料的饲喂技术，可获低成本、高效益。

②氨化稻草、秸秆在饲喂前，必须从氨化池内取出晾开散放 12～24 小时，以免氨气太浓刺激生畜口腔黏膜而影响适口性，或引起氨中毒。牛、羊在最初饲喂时，可能拒食或不爱吃，这时切不可改喂其他饲料，经 4～5 天后即可完全适应。

③氨化稻草、秸秆应在密封状态下保存。每次取料后应将薄膜盖好，以防霉烂变质。发霉变质的氨化稻草、秸秆不能饲喂家畜。

EM 微贮秸秆养牛养羊技术

EM 微贮秸秆养牛养羊技术是利用 EM 有效微生物群，对稻草、麦秸、玉米秸等进行厌氧发酵后饲喂牛、羊的一项新技术。

1 制作方法

1.1 贮制容器选择 可根据各自的条件选用水泥池贮、大瓦缸贮、塑料袋贮、土坑土窖加垫塑料薄膜贮等，只要能达到压实、密封条件的容器均可。

1.2 EM 菌液增活及稀释 以制作秸秆 1000 千克为例。首先将营养糖液 0.5 千克倒入 5 千克温水中充分溶解，再加入 25 千克清水搅拌匀，待水温 30℃左右时，静置 3 小时增活。另 1200 千克水中加入食盐 9 千克搅拌使其彻底溶解。最后将增活后的菌液倒到盐水中一起搅匀后备用。稀释后的菌液要当天用完。

1.3 秸秆切碎 将 1000 千克秸秆切成、3～5 厘米长的小段。

1.4 秸秆入窖（装池） 在窖底铺放 20～25 厘米厚的秸秆，喷洒菌液和撒施混合粉，搅拌压实，如此反复直到装料高出窖口 30～50 厘米，最后封窖。

1.5 封窖 在秸秆最上层洒上食盐，1 千克盐可洒 4 平方米，再压实后盖上塑料膜。薄膜上面再加 18～20 厘米厚的秸秆，再覆上 15～20 厘米厚的土压紧，密封窖顶。

1.6 贮料水分控制与检查 水分含量适度是决定贮料质量的重要条件，在喷洒菌液与压实过程中，要随时检查秸秆含水量是否合适，各处是否均匀一致，特别注意层与层间的水分衔接，不得出现荚干层。EM 微贮秸秆含水量以 60%～70%最适宜。

含水量检查方法：抓起秸秆试样，用双手拧扭，若有水下滴，含水量约 80%以上，表明过多；若无水滴，松手后看到手上水分很明显，约为 60%；若手上仅有水分反光，为 50%～55%，偏低；手上仅有湿感，含水 40%～50%，水分不足。

1.7　秸秆微贮后，窖池内贮料会慢慢下沉，应及时加盖土使之高出窖口。简易土窖周围要挖排水沟，防止雨水渗入。

2　质量鉴定

EM 微贮秸秆质量的判定一般采用"一看、二嗅、三手感"的方法。优质 EM 微贮秸秆呈金色或茶黄色，具有醇香味和苹果香味，口尝有弱酸甜味，手感松散湿润而柔软。若手感发黏或干燥粗硬，酸味较大，则质地不良。若有腐臭味、发霉味，则不能饲喂牛、羊。

3　使用及注意事项

① 一定要待发酵全部完成后才能取用。不同季节发酵时间长短不一，一般春季 5～7 天，夏季 4～5 天，冬季10～15 天。

② 筒窖取料由上而下取。沟槽窖从一头开始取料。切忌将窖料全部暴露，取料后立即封密窖口。

③ 每次取出的料要当天喂完，不喂隔日料。

④ 每次取料饲喂时，要勤检查。发霉变质料不能饲用。

⑤ 补喂食盐时，应扣除微贮料中加入的食盐量。

⑥ EM 微贮料与精料配合，一般 1 天 1 头牛、羊配合1～1.5 千克精料，促快速增重。

⑦ 及时检查窖况：主要检查排水沟是否畅通，窖是否有裂缝、破损、漏气现象，一经发现，及时处理，保证贮料在厌氧环境下保存。

网箱养鱼技术

网箱养鱼是一种集约化的养殖方式，它具有水活、密养、精养、高产的特点。特别是在水温较低、鱼类生长环境较差的丘陵山区，也能广泛应用并获得高产。因此，发展网箱养鱼有利于开发山区溪河水库资源，提高山区农民收入。

1 网箱制作

1.1 网箱材料

网箱一般由框架、浮子、沉子和网衣组成。

框架 一般可选用直径 10～15 厘米的楠竹、杉木或塑料管。

浮子 凡是具有浮力的器具都可选用。在生产实践中，一般采用泡沫塑料或油桶作浮子，因为它们的浮力大、负载力强，经久耐用，便于管理。

沉子 通常用铅制成。为节约开支，也可不用沉子，仅用毛竹支撑箱底或用砖头、石块压住箱底四角，以代替沉子。一般一个 28 平方米的网箱用 5 千克沉子为宜。

网衣 一般选用聚乙烯、聚丙烯或聚氯乙烯合股线缝合而成。鱼种箱选用的网线规格有 2×1、2×2、2×3 三种；成鱼箱选用的网线规格有 3×2、3×3、3×4 三种。生产实践中，为防逃鱼、防敌害，通常采用双层网衣。网衣可到渔网厂定做。

1.2 网箱的形状与规格

形状 在生产实践中，通常采用长方形或正方形两种。

规格 通常采用 8～28 平方米网箱为宜。大型湖泊、水库和江河，以养鲢鱼、鲤鱼为主的网箱，也不宜超过 100 平方米。

1.3 网目与放养鱼种大小的关系

在生产实践中，育种箱网目通常选择 1～1.1 厘米（鱼种体长≥4 厘米）；成鱼箱多为 2.5～3 厘米（鱼种体长≥17 厘米）。具体操作可参考下表：

下箱鱼种最小规格	网箱网目（厘米）	
体长（厘米）	静水中	流水中
3.3	≤0.7	
6.7	≤1.5	
10.0	≤2.3	≤1.5
13.3	≤3.0	≤2.0
16.7	≤3.3	≤2.3

2 网箱的设置

2.1 水质条件

一般选择在水温 20℃～30℃，透明度 30～50 厘米，微碱性（pH＝7～9），溶氧充足的富营养水域，水色为绿褐色、黄绿色、油青色为宜。

2.2 水域条件

一般选择在水深 3～7 米，水位昼夜变化不大，无水草，底质平坦，少沉积物，水温较高，水流畅通，水质清鲜，避风向阳，流速在 0.05～2 米/秒范围内的库湾、湖汊、江河回水湾处为网箱设置场所。

2.3 网箱布局

网箱布局以增大滤水面积和有利于操作管理为原则。通常网箱间距应保持在 10～15 米以上。养殖鲤鱼、草鱼、鳊鱼等吃食性鱼类，以人工投饵为主，设置在主干渠、江河回水湾处。经常处于微流水中的网箱，可以适当集中，也可以两个网箱串联成一组，箱距接近，但组距不得小于 15 米。以养鲢鱼、鳙鱼滤食性鱼类为主，设置在湖泊、水库和大塘中的网箱，应按"品"形、"梅花"形或"八"字形排列，箱与箱之间的距离应保持在 15～30 米。

3 网箱的种类

3.1 封闭浮动式网箱

以当前推广使用的规格为 7 米×4 米×2 米的封闭浮动式网箱为例；在箱体上部的一角（盖网与墙网的缝合处）留一活口，长为 80～100 厘米，作为鱼种进出口和供抽样检查和出鱼用，平时封闭。箱体上盖四边，用 3×6 聚乙烯绳作绑绳固定在框架上。框架按箱的大小，用直径 10～15 厘米的楠竹或杉木扎成，四角用铁丝扎紧，若是用干杉木，四角可用螺丝固定。同时，在下水前用桐油连续油 2～3 遍，以延长使用寿命。框架用竹、木多少，以浮起网箱为度。

为使网箱下水后能立体张开，箱底网可系上沉子，同时用毛竹串通箱体四周，以保持网箱下水后不变形。为节约开支，不用沉子时，也可在箱底四角系上红砖或块石，一般 28 平方米网箱用沉子 5 千克左右。网箱定位，一般用一根长 20 米的乙纶绳系于网箱框架短边，另一端系于铁锚（较大块石或预制件）上，这样网箱可在 667～1000 平方米水域范围内随风浪水流自由浮动。这种网箱适宜养鲢鱼、鲤鱼等滤食性鱼类。

3.2 敞口浮动式网箱

网箱结构、框架组成和固定方法与封闭浮动式网箱基本相同。不同的是：①墙高而无盖，一般将墙网制成两节，水下部分称网体，水上部分称罩网，罩网被日晒易于老化，须更换。②箱架每隔 1 米左右竖一根 1.5 米长的木棍（或毛竹棍），在架的四角和四边的中间（以 7 米×4 米×2 米网箱为例）各用一根长 3.5 米、直径 2 厘米的钢管穿过框架上端留 1.4 米，下端入水 2.1 米，并用螺丝固定。网箱的下层和墙网的上边、四角及各边中间，用绳索紧扎在钢管和木棍上，使箱体成形展开。这种网箱适合于养鲤鱼、草鱼、鳊鱼等人工投饵的吃食性鱼类。

4 网箱养鱼技术

4.1 利用网箱培育鱼种

4.1.1 网箱配套 用来育种的网箱，网目大小，以 3 个级差养殖效果较好，以便根据鱼种的生长情况及时地升级转箱，接连生产借以扩大水体交换能力。切忌使用一个规格网目从夏花下箱，一养到底，这样不利于发挥生态优势，提高网箱育种规格。网目规格以下箱夏花规格和需要育成鱼种规格而定，一般可设计 1.2 厘米、2 厘米、3 厘米三个等级。

4.1.2 选好箱址 设箱位置要尽可能选择背风向阳、风浪小、微流水，流速小于 0.1 米/秒，无障碍和工业有毒废水污染，有生活污水来源，饵料生物丰富，水深 3～7 米的湖汊、库湾内。

4.1.3 设箱方法 选定箱址后，在鱼种进箱前 1～2 天把网箱装配好，同时要严格检查网衣是否有破损、漏织、滑节、网衣拉力强度，各部分配件是否齐全、牢固。网箱下水后，要使箱体充分展开，形状正常。

4.1.4 鱼种早下箱 鱼种下箱立足于"早"，力争抢在春汛来临之前下箱，充分利用草子田肥水和湖汊、库湾淹没区的浮屑和有机质。注意在运输前 5～7 天，鱼种必须拉网密集，反复锻炼 2～3 次，同时在运输前一天停食，实行空腹运输。鱼种入箱前必须进行筛选，尽可能保证规格整齐。无论何种鱼种，下箱前都要坚持用 3％食盐水浸泡鱼体 5 分钟进行消毒。有条件的地方，草鱼种入箱前，应对其进行免疫注射。下箱后 2～3 天内要注意观察，发现死伤鱼种及时捞掉，再补充放足数量，通过一段时间培育，鱼种达到一定规格后，应选择晴天及时转箱升级到较大网目网箱中饲养，促进其生长发育。

4.1.5　鱼种下箱密度　鱼种下箱密度和品种搭配应合理。一般育种箱每平方米可放养 200～300 尾。以鲢鱼为主的可搭配 10％鳙鱼，以鳙鱼为主的可搭配 10％鲢鱼。两种均应搭配少量鲤鱼、鲫鱼或非洲鲫鱼。而以养鲤鱼、草鱼、鳊鱼等吃食性为主的，应搭配 10％的鲢鱼、鳙鱼。

4.1.6　日常管理　不投饵网箱：每天坚持早晚巡箱仔细观察鱼群活动情况，注意敌害侵袭，掌握水位变化，防止网箱搁浅。定期刷箱，保持网衣清洁。同时检查网衣是否破损，切实做好防风、防逃工作。投饵网箱：除做好上述工作外，还应坚持"四定"（定时、定量、定质、定位）投饵。每天投饵 4～6 次，在适温范围内（20℃～30℃）日食量为鱼种体重的 10％～20％。并根据鱼种不同发育阶段的摄食特点及不同品种，实行粉状碎屑、面团及鱼用配合饲料相结合。育草鱼种时，注意青、精搭配。饵料中粗蛋白含量不得低于 25％。育鲤鱼种时，饵料中粗蛋白含量不得低于 36％～38％。除遇大风、暴雨天气外，应天天投饵。切忌时饱时饥，不仅影响生长，而且引发疾病。

4.1.7　适时出箱，及时沉箱　当水温降至 18℃以下时，水中的浮游生物及鱼类的摄食量会急剧下降，如不及时处理就会影响鱼种体质，降低成活率，从而影响网箱养鱼的经济效益。采用的方法有：一是就地放库、湖；二是转进精养鱼池越冬；三是在肥水水体选择水深、底平、避风向阳处将鱼种箱沉箱越冬，来年开春后，再提出水面继续培育或转入成鱼箱养殖商品鱼。

4.2 网箱养商品鱼

网箱养殖商品鱼技术基本上与网箱培育鱼种相同，不同的是：

①在流水中养吃食性鱼类，水的流速可以大于 0.1 米/秒，但不能超过 0.2 米/秒。

②放养密度：不投饵网箱：以养鲢鱼、鳙鱼为主，鳙鱼、鲢鱼比例是 80% 和 20%，少量搭配鲤鱼、鲫鱼（20～30 尾/箱）。鱼种个体重 60 克左右，每平方米网箱放 40～60 尾。人工投饵网箱：以养鲤（草）鱼为主，鲤（草）鱼占 85%，鳊鱼 5%，可搭配 10% 鳙鱼。鱼种个体重 100～300 克，每平方米网箱放 80～120 尾。

③养吃食性鱼类。在适温范围内，日投饵量为箱内鱼体重的 3%～7% 为宜。

④为防止饵料随水流失和风浪冲击造成浪费，影响经济效益，在网箱中应搭设饵料台或桶，用竹篾或尼龙布做成，直径 60 厘米，边高 20 厘米，将饵料尽量投放其中。

5 鱼病防治

网箱养鱼由于密度大，重量大，容积小，鱼类容易发病。而一旦发病，感染机会多，蔓延快，严重时，将会在短时间内造成鱼类大批死亡。因此，鱼病防治工作的好坏，是网箱养鱼成败的关键，将直接影响养鱼者的经济利益。网箱养鱼，目前发现的鱼病主要有：水霉病、白皮病、赤皮病、细菌性肠炎、烂鳃、中华鳋、锚头鳋和草鱼出血病等。在生产实践中，鱼病防治工作应贯彻"预防为主，防重于治"的原则。

5.1 预防

①在鱼种拉网、运输或放养过程中，操作要细心，尽量避免损伤鱼体。第一次使用的新网箱，应在鱼种进箱前 4～5 天下水，使藻类附着，让网衣变得光滑，防止鱼种在箱内碰

撞受伤。

②鱼种进箱时，须严格消毒。常用药物有3%～4%的食盐水浸泡5分钟或用8毫克/千克（8克/米³）的硫酸铜与10毫克/千克的漂白粉混合液浸洗鱼种20～30分钟；也可用20毫克/千克高锰酸钾溶液浸洗15～30分钟。具体时间视鱼种不翻白为准。

③保持水质清洁。防止有毒的工业废水及污染物进入养鱼区，及时清除漂浮物和网衣上的附着物、草渣、残余的腐败饵料及死鱼，保证箱内外水流畅通，使鱼类有一个良好的生长环境。

④合理投饵施肥，确保鱼类有足够的适口饵料。一般水质过肥过瘦，或者鱼类处于饥饿状态下，常易生病。使用商品饵料必须新鲜、无毒无霉变。坚持"四看"、"四定"的投饵方法。"四看"即看季节、看天气、看水色、看鱼类摄食情况；"四定"即定时、定质、定量、定位，坚持少量多餐。

⑤在鱼病流行季节（5～9月），定期地用硫铁合剂（5份硫酸铜，2份硫酸亚铁）、漂白粉、挂篓或袋，也可用生石灰（20千克/667平方米）、漂白粉（5毫克/千克）、敌百虫（1毫克/千克）等全箱泼洒。

⑥坚持巡箱，发现病鱼或死鱼要及时捞掉，不要乱扔，防止疾病传播感染。每天做好记录（水温、水深、流速、水位升降、摄食情况、摄食量、天气情况、水色、病死鱼情况等），发现问题及时采取措施。

5.2　鱼病治疗

网箱养鱼，防病措施得力，一般很少发病。而一旦发病，应及时诊断、治疗。养鱼户不能确诊的鱼病，应尽快与当地水产技术部门联系，及早诊治，防止疾病传播、蔓延，造成重大经济损失。

稻田养鱼技术

稻田养鱼是利用稻田水体开展种稻与养鱼相结合，发挥稻、鱼共生互利作用，夺取稻鱼双丰收的一项生产新技术。

1 稻田养鱼的特点

稻田里养了鱼以后，稻田里生长的杂草、底栖动物、浮游生物及害虫等一部分或大部分被鱼吃掉，给水稻消除了敌害，使田中的养分不被这些生物消耗。加上鱼的粪便又为水稻生长提供了优质肥料，从而改善了稻田生态环境，提高了水稻产量。并且所养鱼类因稻田水中溶氧充足，一般很少发病，有利于获取较大经济效益。

2 稻田养鱼的类型

稻鱼兼作型 指在同一块田里既种水稻又养鱼。包括单季稻养鱼和双季稻养鱼。

稻鱼轮作型 低洼易涝的稻田，往往一季要受水淹，因而安排一季适宜种稻季种水稻，其余时间蓄水养鱼。

田凼结合型 在田头挖一个1米多深，面积50～100平方米的小凼，田凼相通。

垄稻沟鱼型 在稻田里起垄种稻，沟里养鱼。

3 养鱼稻田的条件及基本设施

3.1 养鱼稻田的条件

①水源充足，能排能灌，保水力强，天寒不涸，大雨不淹，水质清新无污染。

②土质肥沃，保水力强，以中性或微碱性的壤土和黏土为好。

3.2 养鱼稻田的基本设施

①加高加固田埂，一般埂高 40～60 厘米，顶宽 30 厘米以上。

②开挖鱼沟、鱼凼，开挖面积 10％～15％；开挖形式，小田开"田"字形，大田开"中"字形。鱼凼开在鱼沟交叉处或田边。

③进出水口设置拦鱼栅。

④夏季搭棚遮阴。

4 稻田养鱼技术

4.1 水稻品种的选择 养鱼稻田里种植的水稻品种要选择茎秆粗壮，抗倒伏能力强，耐肥，抗病虫和高产的品种（可在当地农技部门指导下进行）。

4.2 养殖鱼类 稻田水浅，主要是底栖动物、昆虫、丝状藻类和杂草较多，浮游生物较少，所以应选择草食性的草鱼、鳊鱼和杂食性的鲤鱼、鲫鱼，搭配少量鲢鱼、鳙鱼。

4.3 鱼种放养量 利用稻田培育春片鱼种，在不投饵的情况下，一般每 667 平方米大田放养 1000～2000 尾夏花，草鱼、鳊鱼等占 70％以上，鲤鱼、鲫鱼占 10％；在投饵精养条件下，一般每 667 平方米大田放养量为 3000 尾左右。养殖成鱼，在投饵精养情况下，每 667 平方米大田放养 200～300 尾，草鱼、鳊鱼等占 80％，鲤鱼、鲫鱼占 10％。

4.4 管理 在不影响水稻生长的情况下，放鱼时间要尽量提早，以延长鱼类生长时间。日常管理要做到加强巡查，以免鱼类因漏洞、崩塌或拦鱼设施的损坏而逃走；及时发现敌害及鱼病情况；注意保持一定水位；夏季应加深水位或换水降温，搭棚遮阴；适当投饵、施肥。

注意事项

1 养鱼稻田要坚持施用有机肥为主、无机肥为辅。重施基肥，轻施追肥。

2 防治水稻病虫害应尽量使用高效、低毒、低残留的生物农药。鱼病防治方法与山塘养鱼的相同。

3 稻田捕鱼时要注意慢慢放水，将鱼集中在沟、凼内，防止损伤鱼体。

名贵鱼类及其养殖技术

湘鲫

湘鲫是湖南师范大学、湖南省水产研究所和湘阴县东湖渔场联合研制的一种鲫鲤杂交新品种。

形态特征　湘鲫各部形态似鲫鱼，头小体大，身披典型的鲫鱼鳞片。有一对短小的口须，体呈橘灰色，有的呈金黄色。头部、鳞片及鳍条颜色一致。

生活习性　湘鲫为底层鱼类，适于在饵类丰富、水质肥沃的环境中生长。习性温和，无掘食打洞、搅混池水现象，起捕容易。抗病、耐寒、耐低氧，养殖成活率高。

食性　湘鲫的食物组成介于父母本之间，但偏重于类似鲫鱼食性的多植物性的杂食性。鱼苗阶段以摄食轮虫、枝角类等浮游动物为主，逐渐转为杂食性，摄食浮游动植物、有机碎屑、浮萍、腐殖质和各种商品饲料。

生长　湘鲫的生长速度比本地鲫鱼快 3～4 倍，接近于野鲤的生长速度。当年夏花养成成鱼，体重可达 0.5～1 千克；当年春片鱼种养成成鱼，体重可达 0.9～1.2 千克；3 龄以上的最大个体可达 2.5 千克左右。湘鲫体态丰腴优美，内脏含量少，含肉率高，肉质鲜甜细嫩，商品规格适中，深受消费者欢迎。

成鱼养殖　作为搭配对象的池塘养殖。即在湘鲫夏花分塘时，将湘鲫夏花直接放到成鱼养殖池内养殖，或将湘鲫培育成春片鱼种，再搭配到成鱼养殖池中。放养夏花，密度为每 667 平方米 30～100 尾，当年可产成鱼 20～30 千克；放养春片，密度为每 667 平方米 30～100 尾，当年可产成鱼 30～50 千克。以湘鲫作为主养对象的池塘养殖，可搭配适量的鲢鱼、鳙鱼，投喂人工配合饲料，并结合施肥管理，每 667 平方米可产成鱼 200～300 千克。湘鲫因性情温和，适合在稻田环境中养殖生长，因此，可作为稻田的主要养殖鱼类。

湘云鲫

湘云鲫是应用细胞工程和有性杂交相结合的生物工程技术而培育成的三倍体鲫鱼。

生物学特性 其外观与普通的鲫鱼相似，但体形优于其他品种。因为不育，性腺比例小，内脏少，所以腹部比其他鲫鱼小。背部肌肉厚，头部与鲫鱼相似，但颌侧有一对极微细小的触须，这是它与其他鲫鱼品种的重要区别。湘云鲫背部鳞片排列往往有些杂乱。湘云鲫不能繁殖后代，可以在任何养殖水域放养，并且有明显的杂交生长优势，所摄取的营养完全用于生长，个体长大快，当年鱼苗养成的最大个体可达 0.5 千克；春片养成成鱼一般个体可达 0.5～1 千克，最大个体可达 1.5 千克。

成鱼养殖 湘云鲫采用饲养其他品种鲤鱼、鲫鱼的各种养殖方式均可收到良好效果。在有条件的地方，可以利用网箱、城郊生活污水、高产池塘等实施高密度单养，也可获得显著的经济效益。

彭泽鲫

彭泽鲫是江西省水产研究所从野生鲫中选育出来的一个养殖新品种。

形态特征　体色比其他鲫深，背部灰黑色，腹部灰白色，各鳍呈青黑色。身体较长，呈纺锤形，其背较低、较厚，头较小。

摄食与生长　彭泽鲫为杂食性鱼类，喜在底质肥沃、水草茂盛、底栖生物丰富的浅水层栖息和摄食。它是本年捕食的鱼类，最适生长水温为25℃～30℃，生长期4～11月。其食性极广，即摄食浮游生物、底栖动植物、水生昆虫、有机碎屑等天然饵料，又喜爱麦麸、糠饼及配合饲料。

彭泽鲫生长以当年最快，往后逐年减慢。

营养　与普通鲫鱼相比，彭泽鲫可食部分比例大，具有高蛋白、低脂肪、味道鲜美的优点。

成鱼养殖　彭泽鲫适应性广，抗逆性强，适合于池塘、湖泊、水库、稻田、网箱等各种水体，单养、混养均可。

异育银鲫

异育银鲫是中国科学院水生生物研究所利用黑龙江的银鲫为母本，与兴国红鲤为父本，人工授精后异精雌核发育的后代。

特点　食性广、易饲养。异育银鲫对食物没有偏爱，只要适口，都是它喜爱的饲料。生活力强，疾病少，成活率高。生长快，饲养周期短。当年繁殖的苗种，养到年底一般个体可长到0.2～0.25千克。

成鱼养殖　异育银鲫适应性广，可以采用鱼种池套养、成鱼塘套养、稻田养殖、鱼池主养等多种形式。

山塘成鱼养殖技术

山塘养鱼的范围包括人工开挖的精养鱼塘、山丘区塘坝和小一二型水库。要求水深 1.5 米以上，不漏水，无有毒污水流入，池底比较平坦，水源方便，能排能灌。

1 搞好清塘消毒

放养鱼种前，鱼塘必须清塘消毒。消毒的方法有：采用干池太阳晒、冬天冰雪杀灭病毒、人工药物消毒等。常用的药物有漂白粉、茶枯、生石灰等。

2 培肥水质，肥水下塘

牟塘消毒后，着手施足基肥，培肥水质。可用人畜粪培水、大草堆沤培水，以培养水中浮游生物。

3 及时投放鱼种

鱼种放养要因塘制宜，因水制宜。水质清瘦的山塘应以草鱼为主，水质较肥的山塘以鲢鱼、鳙鱼为主，并合理搭配其他鱼种，提高水面效益。放养的品种有：草鱼、青鱼、鲢鱼、鳙鱼、鲤鱼等。鱼种规格要求尾重 50 克以上，体壮无病。每 667 平方米放养 300～500 尾。鱼种下塘时，必须用 3%～5%的盐水浸泡消毒。草鱼必须注射疫苗，或用免疫疫苗浸泡，以防止或减少鱼病发生。放种时间在冬季或早春的晴暖天气进行为佳。同时，可套放部分经济价值高的鳜鱼、乌鱼、鲶鱼等鱼类，以提高养鱼的经济效益。

4 科学投饵

养鱼没巧，饵足水好；三分在放，七分在养。科学的投饵是山塘成鱼养殖的关键。投饵坚持"三看四定"原则，即看天、看水、看鱼和定时、定位、定质、定量。晴天多投，雨天少投。投饵时间每天 2 次，即上午 8～9 时，下午 4～5 时。

5 化肥养鱼

化肥养鱼成本低、效益好，且施用方便。施用化肥要在高温天气进行，同时氮磷要结合施用，氮磷比为 2∶1。施用方法可对水全池泼洒，每隔 3～5 天 1 次，每次每 667 平方米水面施 2.5～5 千克。

6 科学管理

坚持早晚巡塘。高温天气定期加注新水，防止泛塘；定期药物消毒，搞好防病治病；抓好轮捕轮放，捕大留小，均衡上市，提高养鱼效益。

庭院黄鳝养殖技术

庭院养黄鳝，占地少，投资小，见效快，易管理，效益高。是增加农民收入的有效措施。

1　鳝池选择与建造

鳝池宜选择避风向阳、水源方便的地方，最好靠近住宅。池的大小以2～10平方米为宜。池形有长方形、方形、圆形等，可因地制宜。水层以上池壁与池埂应保持距离25厘米以上，并且池壁上半部分要略向池内倾斜，防止黄鳝逃逸。鳝池四周内壁和底部用砖石砌成，并用水泥砂浆勾缝，防止黄鳝从缝隙中溜出。黄鳝喜欢穴居生活，池底要铺30～50厘米肥泥，并在泥中掺和一些秸秆和猪、牛圈肥，增加有机质，并投以石块、碎砖等，使软硬适度，人工造成穴居的环境条件。池底和15厘米深的水位处各设33厘米左右口径的排水管，池顶和水位之间安装2根口径33厘米左右的排水管，调节水位和水质。各进排水管用塑料网布包扎好。池内水深不要超过15厘米，以利黄鳝头伸出洞外觅食和呼吸。新建的水泥鳝池，一定要经过多次浸泡之后才可使用。

2　苗种放养

从自然水体中采捕和人工孵化培育的鳝鱼苗都可放养，但要求无病无伤，体质健壮，规格整齐，背侧呈深黄色并带有黑褐色斑点。放养规格为每千克30尾左右，放养密度为每平方米2.5～5千克。对放养密度大的鳝池可搭配放一些泥鳅。泥鳅上窜下跳，可防止黄鳝因密度大而相互缠绕，并可减少疾病。

3 饲料投喂

黄鳝是肉食性鱼类，喜欢吃新鲜饵料。刚放养 2～3 天，可以不必投饵，以后可投喂蚯蚓、螺肉、蚕蛹、小鱼虾、动物内脏等进行驯化，直到定时、定位索饵后就改用来源广、价格低廉、增肉率高的配合饲料。饲料应放在装有塑料纱网的木框内，浮置于水中或固定在一个位置上，每日投喂量为鳝体重的 3%～5%。

4 水的管理

养殖期间要经常换注新水，保持水质清新。一般一周左右换一次，高温夏季 2～3 天换一次水。要及时捞出残饵。高温季节，池水可适当加深，可在池内种植水葫芦、水浮莲、绿萍等。同时，在池旁边种瓜搭棚遮阴，供鳝栖息，利于生长。若天气闷热，见黄鳝将头伸出水面，要立即加注新水增氧。

5 鳝病防治

鳝鱼苗放养之前，要用 3%～5% 盐水浸洗 5～10 分钟，杀灭寄生虫。在养殖的发病季节定期用生石灰泼洒。如发现离穴独游的黄鳝，应立即捞出隔离治疗。常见的鳝病有赤皮病、水霉病等。治疗方法为：赤皮病每立方米水体用 1～1.5 克漂白粉溶于水后泼洒 2～3 次；水霉病可用 3%～5% 食盐水浸洗 3～5 分钟。

6 越冬管理

黄鳝生长适温为 15℃～30℃，当水温降到 12℃ 以下时，黄鳝开始入穴越冬。此时，要排干池水，只保持池土湿润，并在池上覆盖一层稻草保温，使之安全冬眠。